WAC BUNKO

ウエストがくびれた女は、男心をお見通し

竹内

WAC

はじめに――P《ポリティカルコレクトネス》Cの前にB《バイオロジカルコレクトネス》Cを！

一九九〇年代後半のこと、私はBC（バイオロジカル・コレクトネス）という言葉を編集者とともにつくり、本のタイトルにはめこんだ（拙著『BC！な話―あなたの知らない精子競争』。のち文春文庫版『あなたの知らない精子戦争――BCな世界へようこそ』）。

当時、PC（ポリティカル・コレクトネス）という言葉さえ一般的ではなく、PCと言えばパソコンの略だった。

そういう状況であってもなお、PCに対し、BCを提唱したのである。

PCは、「政治的に正しいこと」と訳される。性別、人種、民族、宗教などに基づく差別や偏見を防ぐことを目的とし、政治的、社会的に公正、中立とされる言葉や表現を用いることを指している。

これに対しBCは、そのようなことは一切考慮しない。ただ生物学的な現実を直視し、真実を見つけ出すことを目的とする。

とはいえPCとBCは、どちらか一つを選ぶようなものではなく、両方あって初めて意義があると考える。

そのPCだが、昨今では認知度が急速に高まり、もはや行き過ぎという状態にまでなっている。

何ら差別的な発言をしていない人までもが言葉を切り取られ、差別しているとされ、重要な役職を辞任に追い込まれているほどだ。

森喜朗氏（東京五輪・パラリンピック組織委員会元会長）の「女性は話が長い」発言などはその代表例だ。

そもそもやたら話が長いのは森氏だと指摘されるほどだが、その長い発言こそが言葉を切り取りやすくしている。

森氏は「女性っていうのは優れているところですが、競争意識が強い。誰か一人が手を挙げると、自分も言わなきゃいけないと思うんでしょうね、それでみんな発言されるんです」と言っている。

たぶんこの点が「女性は話が長い」と端折られたのだろう。

しかし続いて「私どもの組織委員会にも女性は七人ぐらいいますが、みんなわきまえておられます。お話もきちんとした的を射たものが集約されて非常に役に立っています。欠員があると、すぐ女性を選ぼうということになるわけです」とある。

一般論としては、女性は話が長いが、私どもの組織委員会にはわきまえた方ばかりで、役立っている。欠員が出ると女性を選ぼうということになる、と女性を褒めているのである。

しかし切り取り報道は一人歩きし、NHKなどは、五輪出場候補選手や元五輪選手に森氏の発言を問題視させるよう誘導するインタビューをして繰りかえし報道した。

さらには駐日の、ドイツ、フィンランド、アイルランド、スウェーデンなど、欧州の大使館員(女性)がSNS上で、「男女平等」(Gender Equality)のハッシュタグまでつけて全員、同じポーズをとって拡散した。

日本は男女平等ではない国だとアピールしたいらしい。

野党の女性国会議員たち、約二十人が白いジャケットを羽織って国会に出席したのも気味が悪い。白はアメリカの女性参政権運動の象徴とされるからだという。

結局、森氏の後任は橋本聖子氏となった。これもまた男性を選ぶと何か言われかねないのでとりあえず女性にしたとしか考えられず、気持ちのよいものではない。

私が後から知ったことには、森氏ほど調整能力に優れた人材は他になく、しかも無償でこの困難な仕事を引き受けていたという。八十三歳という高齢のうえ、がんと闘いながら、生涯最後の仕事に打ち込んでいた。そのような人物を、ただの言葉の切り取りから辞任にまで追い込んだ狂気の背景にあるのがPCなのだ。

このように行き過ぎたPCによって、世の中がどんどん変な方向へと導かれようとしている。だからこそ、BCに目を向け、バランスをとっていくべきだろう。

ちなみにBCの世界では、女性は話が長いのは当たり前である。言語脳である左脳は女のほうが発達している。それは女性ホルモンが左脳を発達させ、空間認識などに関わる右脳の発達を抑えるからだ。

逆に、男性ホルモンは右脳の発達を促し、左脳の発達を抑える。

言葉による言い争いで普通、男が女にかなわないのは当然なのである。

女の浮気のほうが男の浮気より、はるかに罪深いのだが、それを言うとPC的には、「そんなのおかしい、男女は平等だ」と反論されるだろう。

しかし、何でもかんでも平等と叫ぶほど愚かな行いはない。

たとえばパートナーのいる男が浮気したとき、相手の女にパートナーがいたとしたら、その浮気には、少なくとも男と、パートナーである女に実害はない。なぜなら、子ができたとしても、相手の女がそのパートナーを騙して育てさせれば、済むだけの話なのだ。一方、女が浮気をし、相手との間に子ができたとき、パートナーである男は「あなたの子よ」と言って騙され、育てさせられる。パートナーである男にとってこれほど大きな損害はほかにないだろう。

従って女の浮気のほうが、男の浮気よりもはるかに罪深いのだ。

このようなことは人々が経験的に知っていることである。

実際、「マイナビウーマン」が二〇一六年に実施したアンケートによると、男の浮気、女の浮気、どちらが罪深いかと男性に尋ねたところ、女の浮気のほうだというのが六三・七%、男のほうだというのが三六・三%だった。

なぜ女のほうが罪深いかというと、「子が誰の子がわからなくなる可能性があるから」「妊娠のリスクがあるかないかの違い」という回答が代表的だった。

そのような人類の知恵や文化を破壊しようとしているものこそがPC、特に行き過ぎたPCであると私は思う。

本書は「動物にタブーはない！　動物行動学から語る男と女」というタイトルのメールマガジン、一年分を加筆、改題して、まとめたものである（本書の読者限定で、メルマガ無料サービス［一ヶ月］をプレゼントしたい。詳しくは本書最終頁の奥付のプロフィール欄の下をごらん下さい）。人間も動物の一種であることに変わりはなく、その行動には本来タブーも、ましてＰＣもないのである。

とかく幅を利かせ、弊害まで生じているＰＣ優位の世界に、ＢＣの観点から一陣の風を吹かせたいというのが本書の目的である。

竹内久美子

ウエストがくびれた女は、男心をお見通し

●目次

はじめに――PC《ポリティカルコレクトネス》の前にBC《バイオロジカルコレクトネス》を！…… 3

第1章　コロナ恐怖で交尾排卵が活発化？――ポスト・コロナを生きる知恵 …… 15

イクメンは没落する …… 16
ウイルスは人間の性行動を自在に操る …… 19
外出自粛のいまこそ自然を愛《め》でよう …… 23
コロナ禍の不安が出産ラッシュにつながる？ …… 27
キャッシュレスでセックスレスになるかも …… 30
昔、男は女を掠奪するために戦った！ …… 34
多くの日本人はとっくに新型コロナに感染していた …… 37
厄除《やくよ》け祭りは集団感染のための日本人の知恵 …… 40

第2章　誘い誘われオトコとオンナ――エセフェミニズムをぶっ飛ばせ！ …… 45

人間の女が化粧して自分を美しく見せようとする〝謎〟 …… 46
バーが閉まりかけると女の子が急に可愛く見えてくる …… 49

欧米ではマジメ男より浮気女のほうが多い……53
浮気を見破るには重い荷物を運ばせてみよう……57
精液は女に心の安らぎを与える……61
タマはわかった、ではサオはどうなのだ……66
女が惹かれる大きなペニスの掻き出し能力……69
ウエストがくびれた女は、男心をお見通し……73
大人の女が怖い男たち――小児性愛の生物学……76
狩猟採集時代の私は狩人だったかもしれない……80
恐怖からいち早く逃げる女、戦うために留まる男……84

第3章 カップルの不都合な真実――なぜ浮気がとまらないのか

第3章 カップルの不都合な真実――なぜ浮気がとまらないのか……87
結婚するとヤル気が失せ、浮気のときには精子も張り切る……88
仲の良い夫婦が顔まで似ている理由……93
米山氏と室井氏は〝似たもの夫婦〟の代表……97
男の浮気と女の浮気、アンジャッシュ渡部の場合は……98
妻が浮気しないと父親になれない男がいる……103

女房・子どもを泣かせても大物狙いをやめないアチェ族の男 …… 106
無意識にいくらでもうそをつく女、恐るべし …… 109
デスクに向かって動画ばかり観ていると精子の質が落ちる …… 113
夫のマスターベーションは子づくりに効果バツグン …… 116

第4章 わが国に迫るもう一つの危機――皇室問題の国民的議論を

第4章 わが国に迫るもう一つの危機――皇室問題の国民的議論を …… 119
妻を取られないよう連帯するトカゲは左翼男にさも似たり …… 120
生物戦略的な先進国の少子化を回避する知恵 …… 123
人間社会に宗教が生まれ、父系制となった理由 …… 127
生物学の偉大さと神仏の御加護 …… 131
異常なほどの秋篠宮家バッシングは何のため？ …… 134
女系天皇によって皇室が「小室王朝」「外国王朝」となる日 …… 138
河野大臣、わが国を滅ぼすおつもりですか …… 142
人間の思想にも遺伝子や病原体への恐れが潜んでいる …… 147

第5章　誤解だらけの遺伝と人間社会――遺伝子こそすべてなのに

誤解だらけの遺伝と人間社会――遺伝子こそすべてなのに……153
美男美女は健康で長生きするという酷《むご》い現実……154
世界一の母乳で育った日本の子どもたち……157
娘がお父さんを「くさくない」と言うのは優しいウソ……160
A型が多数派なのは「長く生きればいいというものではない」から……164
DVは遺伝子の繁殖戦略？――個人の不幸など遺伝子の知ったことではない……168
肌の色には人種それぞれの事情がある……172
遺伝子がすべてを決めるなんておかしいと思っている人へ……176
サルの「子殺し」が打ち砕く「種の保存」という幻想……180

第6章　メス（女）は閉経しても価値がある――合理的な生物の世界

メス（女）は閉経しても価値がある――合理的な生物の世界……185
なぜ男は女より背が高いのか――身長と繁殖の相関関係……186
女に対抗して男が去勢したら寿命はどれだけ延びるか……189
紅葉は「免疫力」のアピールであるという仮説……192
〝冬季うつ〟には哺乳類の冬眠と同じ効能がある……196
学界の嫌がらせから発症した私のうつ体験……199

社会の役に立っているおばあさんを〝ばばあ〟と呼ぶな！……………203

第7章 生き物社会オドロキの新常識――「そんなバカな」と言わないで……207

生物の社会では不平等な身分制度が不可欠だ……………208
鳥界の革命児ニワシドリが用いる〝逆遠近法〟……………211
老ゲラダヒヒが思い出したリーダーの条件……………214
鳥なのに〝ニセのペニス〟を持つオスへのメスの対抗策は――……………218
人間につられてあくびするイヌの哀しい歴史……………222
合法的薬物で夢の九秒台が実現する？……………225
オール・ブラックスが踊るハカの生物学的意義……………228
あなたやお子さんが独創性を発揮するための魔法……………232
ある分野《ジャンル》が好きでたまらないのは、あなたに才能があるから……………235

装幀／須川貴弘（ＷＡＣ装幀室）

第1章　コロナ恐怖で交尾排卵が活発化？

――ポスト・コロナを生きる知恵

イクメンは没落する

今、誰にとっても最大の関心事は、新型コロナウイルスによる肺炎の行く末だ。

つい一年ちょっと前まで、私たちはウイルスやバクテリア、寄生虫など、我々の体を利用し、増殖する寄生者《パラサイト》に対し、あまり恐怖を感じていなかった。

二〇〇三年のＳＡＲＳ《サーズ》騒動のときも、今回と同様、皆がマスクで防御したが、幸いなことに数カ月で終息。日本人の死者がなかったこともあり、我々はいっときは警戒したものの、再び寄生者に対する恐怖心を失った。

しかし今回は違う。日本でも死者、感染者の数が日を追うごとに増えている。もはや感染者がどんなルートで感染したかさえも追えない状態となった。このような事態に、我々ができる予防策は周知の通り、用のない限り外出しないこと、うがいと手洗いの実施だ。

そして、もし感染してしまったら、決め手となるのは免疫力。つまり病原体と戦う力なのだ。これで免疫力がいかに重要かわかる。いくらお金があっても、社会的地位が高くても、病原体の前では何の力にもならない。

動物の二大テーマは「生存」と「繁殖」である。生存、つまり生きのびるためにいかに免疫力が重要かは誰でもすぐに理解できるだろう。ところが繁殖の際に問題となるのも、他ならぬ免疫力だということをご存じだろうか。

クジャクのオスが美しい尾羽（しかも、いくつもの目玉模様がなるべく左右対称になるよう配置されている）を広げてメスにアピールする。歌で勝負する鳥もいる。ウグイスやオオヨシキリだ。ウグイスは歌のうまさが決め手だが、オオヨシキリの場合には、持ち歌（音節）のレパートリーが多いオスほどモテる。ダンスで勝負する鳥もいる。マイコドリは踊りを年長の師匠に弟子入りして習うくらいだ。

なぜ、こんなにもオスはメスに自らの魅力をアピールするのだろう。実を言うと、その魅力こそが高い免疫力の証《あかし》だからだ。それは、たとえばこんな研究からわかってきた。

ツバメのオスの魅力は何と言っても尾羽の長さだ。尾羽と言っても、両端にあり、針金のように太く、長く伸びているものである。

ある研究者は、メスが卵を産みつつある時期に、一つの巣あたり五十匹というとんでもない数のダニを投入した。自然界ではあり得ない数だ。

そして、ヒナがかえって七日目に、ヒナ一羽あたり、どれくらいのダニがとりついているかを調べた。すると、父親の尾羽の長さによって、とりついているダニの数が大きく違った。

父親の尾羽の長さが十センチ以下だと、三十～百匹。同じく約十一センチだと、五～五十四匹。そして十二センチ以上だと、せいぜい五匹なのだ。大量のダニを同じように投入したにもかかわらず、こんなにもダニの増殖を許すか、駆除するかの違いが現れる。

となれば、メスが尾羽の長いオスを好むのは当然のこと。我が子がダニなどの寄生者にやられにくいように、と尾羽の長いオスを選んでいるのである（155ページ参照）。

人間の場合、男の魅力はルックスのよさ、声のよさ、スポーツが得意なこと、歌がうまい、楽器の演奏が上手といったことだろう。それらが特に優れた男は、芸能人やプロスポーツ選手となって女をキャーキャー言わせる。実際、ザ・ローリング・ストーンズのミック・ジャガーのようなロックスター、超花形プロバスケットボール選手だったマジック・ジョンソンなどには、本人も預かり知らぬ子が地球上に数え切れないほど存在する（らしい）。

今回の新型肺炎を通じ、人々は免疫力の重要さを嫌というほど知るはずだ。となると女は、免疫力の高いこと、魅力的であることをより重視して相手を選ぶようになるかもしれない。財力のある男、イクメンよりも、免疫力の高い、魅力的な男だ。

ウイルスは人間の性行動を自在に操る

ウイルスやバクテリア、寄生虫などのパラサイトが、寄生する先である宿主《しゅくしゅ》の形や行動を変えるというのは、ごく当たり前の現象である。

一番有名なのはロイコクロリディウムという吸虫《きゅうちゅう》の一種だ。

そもそも鳥の消化管の中にすんでいるのだが、卵は糞《フン》とともに排出される。それをカタツムリが食べると、その体内で孵化《ふか》する。やがてカタツムリの透明な触角の中へ入り込み、触角をパンパンに膨らませ、カタツムリを操って行動をがらりと変え、本来は湿った暗い場所を好む彼らを、開けた明るい場所へと導いていく。そしてカンカン照りの空に向かって「おいで、おいで」と触角を揺り動かすのだ。

実はロイコクロリディウムの体には横縞模様があり、空から見ると、それはまるで昆虫の幼虫が体を揺らせているように見える。鳥は急降下した後に、カタツムリの触角を食いちぎって飛び去っていく。かくしてロイコクロリディウムは鳥の消化管へと回帰するわけである。

もう一つ有名なのは槍型吸虫《やりがたきゅうちゅう》だ。

ウシなどの草食動物の肝臓にすんでいて、卵はやはり糞とともに排出される。卵を食べるのはまたしてもカタツムリで、その消化管の中で孵化《ふか》する。その後、何回か形を変えて成長し、ある段階に達したところで、カタツムリの粘液に包まれて脱出。カタツムリが通ったあとには白い粘液が残されるが、そこには槍型吸虫が潜《ひそ》んでいるかもしれないのである。

この粘液を好んで食べるのが、アリだ。槍型吸虫はアリの体の中でもまた姿を変えて成長し、ついには脳にまで到達する。脳を侵されたアリは、行動を操られるようになる。夕方になると牧草のてっぺんまで登りたくなってしまう。そうしてじっと朝になるのを待つのだ。

実は早朝にはウシなどの草食動物が草を食《は》む。槍型吸虫入りのアリを草といっしょに食べてしまうというわけだ。こうしてまた槍型吸虫はウシなどの草食動物へと回帰するのである。もしウシなどに食べられなかったとすると、食われるまで何度でもアリは牧草のてっぺんまで登らせられるという。すさまじい執念だが、槍型吸虫にとっては死活問題だから当然だ。

宿主に操られるという点では人間も例外ではない。

ATCV－1というウイルスは、淡水の湖の緑藻に寄生しているのだが、人間の喉の粘膜にもすんでいる。アメリカでの調査によると、九十二人中四十人、つまり半数弱の人々が感染していた。

このウイルス、直ちに命に関わるものではないが、頭をちょっぴり悪くさせることがわかった。視覚的処理と作業の正確さを調べるテストで、感染者はそうでない人々より一〇％ほど能力が低下した。注意力や衝動を抑える能力についても差が現れた。しかし即時記憶力（今聞いたばかりの人の名や電話番号をすぐに言える能力）や語学力、一般常識などには差が現れなかった。

どういうことだろう？

人間で実験をするわけにはいかないので、マウスにこのウイルスを注入した。すると、迷路を学習し、記憶する能力が低下することがわかった。そして少なくともマウスでは、脳の海馬《かいば》での遺伝子の発現に異常があることもわかった。人間では海馬が関係するとされる即時記憶力に変化はなく、そのあたりの事情がどうなっているのかはわからない。

ちなみにATCV－1は淡水にすむ緑藻に寄生するので、きれいに掃除されていないプールなどにもすんでいる可能性がある。しかし、人間でよくプールで泳ぐ人と、そうでない人々との間で感染に差はなかったとのこと。

ところで梅毒にかかると性行動が活発になるというのは、まさに梅毒スピロヘータの操作によるとみて間違いない。梅毒は性感染症。他者に乗り移るには宿主が性的に活発化してもらうより他はないからだ。

そうしてみると、今問題となっている、新型コロナウイルスによる肺炎に限らず、普通のカゼで、なぜ咳《せき》やくしゃみが出るのかがわかってくる。それは宿主に咳やくしゃみをさせることで、他の宿主に乗り移ろうとする寄生者《パラサイト》による操作なのだ。

さらには、このようなウイルスに冒されると我々の行動自体が、ウイルスに都合のよいように操られるようになるかもしれない。人との距離を縮め、ハグやキス、握手をしたくなる……。あるいは口や鼻に指を当てたくなるという我々の癖。

いや、そもそもそれら濃厚接触の習慣や癖こそが寄生者《パラサイト》による操作のためにできてきたものではないのか、と考えたくなってしまうのである。

外出自粛のいまこそ自然を愛《め》でよう

社会的な大成功を遂げた男がしがちなこと。それは、大都会のど真ん中に自然を再現することだ。デザイナーの故ケンゾー（高田賢三）氏はパリの中心部の自宅に日本庭園をつくらせたそうであるし、ユニクロの柳井正氏は渋谷のど真ん中にテニスコートつきの広大な敷地を構え、鳥のさえずりによって目覚めるのだという。

なぜ成功者は都会に自然を再現したくなるのだろう。それが富の証となるからというのが一番の理由なのだろうが、自然の持つ何ものにも勝る効用というものに、薄々気がついているからではないかと思う。

これまでの研究によると、自然に触れることで、ＡＤＤ（注意欠陥障害）やうつ症状、ストレスなどが軽減され、協力的になるとか、物事を長い目で見られるようになるなど、素晴らしい効果が現れることがわかっている。

それらの研究の元祖とも言えるのが、外科手術からの回復が、自然が見えるかどうかで大幅に違うというものだ。

一九八四年に『サイエンス』に発表されたその研究は、一九七二年～八一年まで、アメリカのペンシルベニア州の郊外の病院に入院し、胆のうの摘出手術を受けた患者を対象に、入院日数、ナースに対する訴え、鎮痛剤の服用状況などについて調べた。

このとき重要なのは、患者の部屋から木(といっても落葉樹なので、葉がついている五月から十月に入院したケースに限っている)が見えるか、建物の壁しか見えないかでグループ分けをしていることだ。もちろん「木が見える」「壁しか見えない」以外については、諸条件が揃うようにしている。年齢や性別、手術歴、喫煙の習慣などだ。

そうして木が見える病室のグループと壁しか見えない病室のグループ、それぞれ二十三人について、入院日数(手術当日をゼロ日として退院までの日数)を調べると、木グループが平均七・九六日に対し、壁グループは八・七〇日だった。これは一見してあまり差がないようだが、統計的に処理してみると十分な差があることがわかる。自然が見えると傷が癒えるのが早い。おそらく免疫力がアップするからなのだろう。

そしてナースに対して、泣くとか、もっと励ましてほしいといった負の訴えの回数は平均で木グループ一・一三回に対し、壁グループ三・九六回。これもまた大きな違いがあった。ただし、気分がよいとか、薬がよく効いている、などの正の訴えについては両グループで差はなかった。

注目すべきは鎮痛剤の投与についてだ。

手術当日と次の日、そして退院間近の六〜七日目には両グループに差はなかった。当日と次の日はあまりの痛さに、外の様子を見る余裕がないからだろうと説明されている。そして退院間近にはほとんど痛みが消え、実際、鎮痛剤を服用しているのは患者の半分以下。もはや外の様子は関係ないということなのだろう。

すると問題は、入院二〜五日の間の、痛みの違いである。

一日あたり、どれほどの強さの鎮痛剤を、どれくらい服用しているのだろう。ちなみに、強い鎮痛剤というのは麻薬に近い鎮痛剤、弱い鎮痛剤というのはアスピリンやアセトアミノフェンのような市販されている鎮痛剤だ。

両グループで驚くほど違いがある（統計的にも差がある）。壁グループには麻薬に近い強い鎮痛剤に頼っている患者がかなりいるというのに、木グループではほとんどの患者

	木グループの服用量の平均	壁グループの平均
強い鎮痛剤	0.96	2.48
中くらいの鎮痛剤	1.74	3.65
弱い鎮痛剤	5.39	2.57

が市販されている弱い鎮痛剤で事足りているのだ。手術からの回復や、痛みに対して自然がこんなにも効果を及ぼすと誰が予想しただろうか。

しかも、病室から見える木はわずか数本である。こんもりとした森や小川の流れ、鳥が餌箱にやってくる様子といった、もっと自然に近い状態が見られたら、どれほどの効果が現れるだろう。

都会の一等地に森に囲まれた家を構える大富豪は、まずは富を示したくてそのような衝動に駆られるのだろう。けれども自然には、ストレスを和らげ、長い目で物事を考えるゆとりを与え、そして、このように免疫力のアップや痛みの軽減という効果まであることを本能的に知っているのかもしれない。

富豪ではない我々としては、せめて公園を散歩するか、美しい山や川を眺めることだ。それが無理なら写真や動画でも効果が期待できるだろう。

新型コロナウイルスで引きこもり生活を余儀なくされている今こ

そ、自然の力を活用すべきだ。免疫力をアップさせ、ストレスを軽減しようではないか。

コロナ禍の不安が出産ラッシュにつながる？

新型コロナウイルスの蔓延により、緊急事態宣言が各地で出され、外出の自粛が叫ばれている現在、我々は、ウイルス対策とは別の対策も講じなくてはならないことを知っておこう。

避妊だ。大丈夫のはずの時期でも、とにかく避妊しなければならない。というのも、こういうふうに世間がざわめき、人々に得体の知れぬ大きな不安が生じたときには、なぜか子どもができやすいのである。

一九六五年十一月のことだ。急に冷え込んできて電力の消費が増えたことと、ナイアガラの発電所に不具合が生じたことが重なり、アメリカからカナダにかけて、およそ二千五百万人が停電の被害にあった。これほど多くの人々が十二時間にもわたり、暗闇と寒さの中で一夜を過ごさなくてはならなくなった。その結果、何が起こったかと言えば、しかるべき期間を経たのちの出産ラッシュである。

それは、たまたまそのときに女が排卵期にあったからというだけでは説明のつかない現象だった。同じような現象は、二〇〇一年の9・11テロのときも、二〇〇五年に大型ハリケーン「カトリーナ」がアメリカ南東部を襲った際にも起きている。

なぜ、そのような現象が起きるのだろう。

人間は排卵期に排卵する、自然排卵の動物である。しかし大きな恐怖を感じた際には、セックスが引き金となって排卵が起きてしまうことがある。交尾排卵だ。

そもそも交尾排卵は、ネコやイタチ、ラッコ、クマなどで起きる現象で、そのときメスには大変な痛みを伴うことが多い。

ネコのペニスにはトゲがあり、それは挿入のときには痛くないが、引き抜くときにひどい痛みを感ずる向きに生えている。メスは「ぎゃあ」と悲鳴を上げ、恨めしそうに後ろを振り返る。ラッコは海の上で、オスがメスに乗っかって交尾するが、体をそらしたメスの鼻をオスが激しく噛み、その傷跡は一生残るほどである。鼻に傷があるラッコのメスを見たら、彼女には出産経験があると考えてよい。ともあれ、ネコもラッコも、メスがそれくらいの痛みを感じて初めて排卵するのだ。

人間の場合、少なくとも大災害のときのような得体の知れない、先行き不安な恐怖を感ずることで交尾排卵が起こるようだ。将来に不安を抱えているというのに、なぜ子ができやすくなるのかはわからない。

大きな恐怖とは正反対の、浮かれ気分の時にも子ができやすいこともわかっている。欧米ではクリスマスのときに子ができやすいと昔から言われている。ずいぶん前のことだが、イギリスの航空会社ブリティッシュエアウェイズが、クリスマスシーズンにパートナーと離れて勤務する女性社員に、特別にパートナーを呼んでも良いという粋な計らいをしたことがある。すると、想像を絶する数の社員が妊娠したのだ。

そして少ないチャンスをものにするという意味でも、人間は交尾排卵をしてしまう。

第一次世界大戦と第二次世界大戦の際、国境付近で戦っていたドイツ軍の兵士に、二十四時間、または四十八時間の休暇が与えられたことがある。皆、大急ぎで恋人または妻の元へ帰還し、することだけしてまた隊へと戻ってきた。そうして、しかるべき日数が過ぎると出産ラッシュが起きた。これは「ショート・ヴィジット」の効果と呼ばれ、少ないチャンスを交尾排卵によってものにするのである。

人間は心が大きく揺さぶられたときは妊娠に注意しなければならない。世界規模で流行している新型肺炎がもたらす結果は早くて二〇二〇年末から翌年にかけて現れるはずである。それは少子化の我が国にとって良いこととらえることもできるかもしれない。ちなみに、二〇二一年四月十日付日経に「出生数、世界で激減」「コロナ禍日米欧1〜2割減」「1月」という記事が出た。しかし二〇二〇年五月頃に、産婦人科の看護師さんが大変な中絶ラッシュですよ、と中絶を嘆くツイートをしておられた。先進国では中絶によって出生数が減ったのかもしれない。

キャッシュレスでセックスレスになるかも

コロナ禍の影響なのだろうか、この夏、近所の二軒のスーパーが現金での支払いを完全に機械に任せるというシステムに変えた。

「三番で清算してください」などと言われ、お札の投入口とコインの投入口に現金を入れる。するとおつりの額がタッチパネルに表示され、清算の部分にタッチすると、お札は返却口からすっと現れ、コインは返却口にコロンと音をたてて返ってくる。もっとも、人が触ったお札やコインが返ってくるだけだし、タッチパネルの精算部分にも触れるので衛生面はあまり関係ない。ただし、一人のレジ係に対して複数の精算機が置かれているから、レジの列に並ぶ時間は大いに短縮される。

結局、大きく変わったのは、おつりの小銭を渡される際に、レジ係の人に軽く手を触れられるという慣例がなくなったということだ。実は私はそのたびにできれば手を引っ込めたいくらいの、嫌な気分を味わっていたのでとても嬉しい。

そうだ、これこそがコロナのおかげなのだ！

しかし、どうだろう。私のような客はおそらく稀であり、客にタッチすることに何か効果があるからこそ、そのような慣習が存在したのではないだろうか。

この件について大変参考になるのは、イスラエル、テルアビブ大学のＪ・ホーニクが行った、スーパーでの実験である。

一九九二年、彼はスーパーのパート従業員の女性に試食販売についてのトレーニングを施《ほどこ》し、成績のよい四人を選出した。スーパーの制服を着た四人の女性は、それぞれ新製品の販売コーナーで新しいスナックの試食を呼びかける。なるべく男女同数になるようにし、しかも試食をすすめる際に、上腕部に軽くタッチするケースとタッチしないケースとを、やはりほぼ同人数になるようにする。

さらに試食に応じてくれた場合には、別の売り場にある、その製品を買ったらレジで割り引いてもらえるクーポン券を渡すのだ。これらの様子を研究者が観察し、記録していく。

さあ、結果はどうなったのだろう。

まず試食だが、タッチされると、されない場合よりもはるかに高い確率で試食した。それは特に女性客で目覚ましく、タッチされた五十九人中五十四人、つまり九一・五%もが試食した。何とも絶大な効果だ。これがタッチされないと、五十二人中三十六人で六九・二%に低下する。

男性客でも傾向は同じで、タッチされた五十八人中四十五人が試食(七七・六%)。タッチされないと、四十八人中二十九人しか試食しなかった(六〇・四%)。

購入にまで至るかどうかだが、これもまたタッチされた女性客が最もノリがよいようで、七一・二%という高確率だった。一方、タッチされなかった女性客が購入にまで至るのは四六・二%である。男性客については、タッチありで購入は五六・九%、タッチなしで購入は三九・六%だった。

結局、タッチなしで購入まで至った男性客の三九・六%という値が最も低いが、それでも四割近くの男性客が購入する。イスラエル人はもともとノリがいいのか、よくトレーニングされた女性販売員の勧誘に弱いのか、よくわからない。

ともあれ、全体を通して言えることは、試食と購入のどちらにおいても、

- **タッチの効果は明らかにある**
- **タッチの効果は男性客よりも女性客によく現れる**
- **タッチがない場合には男性客と女性客に差が現れない**

ということだ。

これは上腕部のタッチというケースなので、手に直接タッチすることとは分けて考えるべきかもしれない。

しかし、この研究の結果とおつりの小銭を渡す際に軽く手に触れるという慣習が存在したことを考えると、やはり体のどこかを触れることには人の胸襟《きょうきん》を開き、次なる行動に向かわせる効果があるようだ。

スーパーのおつりの小銭の手渡しとタッチには、「また来てね」の意味があったのかもしれない。

昔、男は女を掠奪するために戦った！

南米の先住民族ヤノマミの少年（十五歳）が新型コロナウイルスの犠牲になったというニュースを知り、憤懣《ふんまん》やるかたない思いだ。

この少年はブラジル最北部のロライマ州の州都、ボアヴィスタの病院の集中治療室で治療を受けていたが、二〇二〇年四月九日に亡くなった。

南米の先住民の死者はこれが三例目だが、ほかの二例は都市部に住んでいた人で、伝統的な集落に住んでいる先住民が犠牲となったのはこれが初めてだ。しかもそれは、ヤノマミの保護区に違法に入り込んだ鉱山業者（ガリンペイロ）からの感染であるという。

ヤノマミはブラジルからベネズエラにかけてのアマゾン川源流付近に住み、狩猟採集と焼き畑農業を営んでいるのだが、実は、この地には金の鉱山もある。一九六〇年代からのゴールドラッシュのあおりを受けて、多くのヤノマミが犠牲となっている。二〇一二年には、ブラジルからのガリンペイロによってベネズエラのヤノマミが八十人も虐殺

された という疑いが持たれた。

これに対しベネズエラ政府は、調査してみたが虐殺の証拠も先住民による証言も見つからなかったと否定している。しかし、往復に何日もかかる現場まで本当に行って調査したのかどうかがそもそも疑わしいと、先住民の連合体「COIAM」は再調査を求めた。

一九九三年にもブラジル・ロライマ州のヤノマミ十六人がガリンペイロによって虐殺されたというニュースがあった。公式には十六人だが、ニューヨーク・タイムズは、犠牲者は七十六人に上るとしている。南米の先住民の保護活動をしている方から私が直接聞いた話では、ヤノマミの居住区内の金鉱山を我が物にするため、ウイルス付きの毛布を貸し出し、まさしく生物兵器によってヤノマミを亡き者にしたガリンペイロもいるという。

ヤノマミの人々は一九九二年につくられた保護区の中に暮らしている。それ以前は大人が歩いて一日かかるほどの距離を隔てて集落が点在していた。歩くといっても彼らはとてつもなく健脚なので、集落は、時に百キロメートルくらい離れている。各部族は激しく敵対していたから、急襲されないよう、これくらいの距離を置く必要があったのだ。

ヤノマミはかつて世界一好戦的な部族と言われた。大人の男の三人に一人が戦闘で死ぬ。この数字はギャングやマフィアの世界での死亡率と一致するという。

なぜ戦うのかとヤノマミの男に問うと、「決まっているじゃないか、女だよ」という答えが返ってくる。女を略奪するために戦うのだ。これは一九六〇年代からヤノマミを調査してきた、アメリカの文化人類学者、ナポレオン・シャノンの研究による。

この世界一好戦的な部族は当然というべきか、ガリンペイロたちを野放しにはしていない。二〇一六年にはこのような人間六人を弓矢で射殺《いころ》したという。これもブラジル・ロマイマ州のヤノマミである。

ヤノマミの集落は我々が想像するような、いくつもの家が寄り集まったものではない。中庭があり、木と茅《かや》を組み合わせた、「シャボノ」と呼ばれるドーナッツ型の建物に百人から二百人が住んでいる。各家庭に囲炉裏《いろり》があるが、隣の家庭との間には仕切りがなく、中庭の間にも仕切りがない。その代わり、外からは侵入しにくく、いわば要塞のようなつくりになっている。

隣との仕切りがないシャボノでは、隣の家族との濃厚接触は避けられない。さらなる感染者、死亡者が現れるのではないかと心配だ。

南米の先住民には、かつて征服者が持ち込んだ麻疹《はしか》やマラリアによって人口が二十分の一にまで減少した歴史がある。今回のような、鉱山業者がヤノマミの居住区に不法侵入してウイルスを感染させる、などということは決してあってはならないのだ。

多くの日本人はとっくに新型コロナに感染していた

上京した折りに、出版社の株式会社ＷＡＣの社長から、こう言われた。

「竹内さん、あなたもう新型コロナに感染していますよ」

これは『新型コロナ』（ワック）の著者である京都大学大学院特定教授、上久保《かみくぼ》靖彦《やすひこ》先生と文藝評論家の小川榮太郎さんとの月刊『ＷｉＬＬ』での対談内容を踏まえての発言だ。実は私は発売当日に上京し、雑誌がまだ自宅に届いていなかったので、その内容を知らなかった。そこで社長自らが説明してくださったのだ。

冒頭の発言は「私、このお正月（二〇二〇年一月）に、これまでに経験したことのない、変な風邪ひいたんですよ」に対するものだったのである。

実は武漢など、中国の各都市が封鎖されるよりもずっと以前に、かの地ではＳ型とＫ

型という比較的症状の軽く、致死率も低い新型コロナが流行していた。これらのコロナウイルスは台湾、日本、東南アジアなどの諸国に到来し、ほとんどの人々が感染し、免疫ができた。集団免疫だ。私がひいた変な風邪はこれだったというわけだ。

実際、二〇二〇年二月頃にツイッターで「一月に変な風邪ひいた」とつぶやいてみたところ、当時フォロワーがまだ六千人程度であったにもかかわらず、「僕も」「私も」とびっくりするほどの数の方々から返信があった。その中で一番早くひいた例は「ラグビーワールドカップで日本が熱狂の渦にあった頃」だった。

この大会は二〇一九年九月二十日から十一月二日まで開催され、日本代表が予想をはるかに超えてどんどん勝ち進んでいくさまに皆が熱狂したのは、十月頃。その方もおそらくその頃に感染したのだろう。

一方、中国とアメリカはこの感染症について早くから知っていた。二〇一九年九月十八日には武漢の天河国際空港で「緊急訓練活動」が実施され、それは「新型コロナウイルスが外国人の荷物から漏洩《ろうえい》した」という想定のもとに行われていた。アメリカでは、架空のコロナウイルス〝ＣＡＰＳ〟がパンデミック規模に達する場合のシミュレーションの報告が同年十月に提出された。公衆衛生学について世界一の水準にあるジョンズ・

ホプキンス大学の研究者によるものだ。

どちらも「新型」とか「架空の」「コロナウイルス」と明言しており、両国が実情を知っていたことは間違いない。

さらには米ハーバード大学の研究者たちが、二〇一八年十月と二〇一九年十月の「商業衛星画像」を比較して分析したところ、二〇一九年には武漢の五カ所の病院の周囲で交通量が大幅に増えたこと、ある病院の駐車台数が六七％も増えたことがわかった。また検索エンジン「百度（バイドゥ）」で、「咳」「下痢」など、新型コロナに特徴的なワードの検索数が激増していることもわかり、この頃すでに新型コロナが中国で流行していたことが示唆された。ちなみに、この事実を米ＡＢＣニュースが報道したのは二〇二〇年六月八日のことである。

もっとも、この段階の新型コロナウイルスはＳ型とＫ型だ。ではなぜ、その後ひどいことになったのだろう。それは二〇一九年十二月頃、武漢でＧ型なる変異型が登場したからなのだが、これ以上書くと上久保先生、小川さんの対談本のネタバレになるのでやめておく。

ともあれ、日本を含むアジア諸国（中国を除く）があまりひどい目にあわずに済んだのは、二〇一九年の秋以降にS型とK型が流入し、多くの人が感染。そのために本当に怖いG型に対する免疫ができたからこそなのだ。そしてG型は欧米においてさらに変異を起こし、もっと恐ろしさを増した……。おっと、これまたこれ以上書いてはマズイのでやめておく。

上久保先生、小川さんの対談本は決して立ち読みで理解できるようなものではないので是非購入して何度も読み、周囲の人々にも勧めていただきたい。

厄除《やくよ》け祭りは集団感染のための日本人の知恵

月刊『W・i・L・L』二〇二〇年十二月号を読んで、震えるほどに感動した。こんなに感動したのは何年ぶりだろうか。

吉備国際大学大学院保険科学研究科教授の髙橋淳先生による「免疫は祭りで作られる―日本人の祖先の智慧」と題する記事である。髙橋先生は、前出の上久保靖彦先生と共同で、今回の新型コロナウイルスについての研究を行っておられる方だ。

欧米などと比べ、日本でさほどひどいことにならなかったのは、二〇一九年からこのウイルスのS型とK型が続々と流入してきていたから。特にK型に対する集団免疫が日本人にできたことで、その後、武漢で変異してできた極めて毒性の強いG型や、欧米でさらに変異した欧米G型に対抗することができたと髙橋先生は主張されている。

私が驚き、感動したのは、こういう集団免疫の獲得のために、日本人は昔から祭りなど、健康な若者が多数参加する行事を行ってきたということだ。厄除けの祭りというものがよくあるが、それは逆説的なことに、除けるのではなく、むしろ積極的に感染するための行事だったというわけだ。

つまり、健康な若者たちが感染し、免疫をつくることで、重症化のリスクの高い、高齢者、妊婦、子どもに対するバリアを築く。それがまさに厄除けとなるのである。

神社が長い石段のうえに存在するのも、そのような場所にたどり着ける健康な者に限定して祭りなどの行事を行うためであるという。また女人禁制、夜間に行うこと、雨天決行などもリスクの高い人々を排除するための工夫であるという。

もう一つ加えると、こういう祭りは西日本に多いということだ。大陸から入ってくる感冒（カゼ、これもコロナウイルスだ）の流行の初期である秋に、概ね九州、中国、四国、近畿、中部という順に行われる。

祭りだけでなく、村の若者が集まって毎晩一緒に集団で寝る「若者組」が多いのも西日本だという。高橋先生によれば、こうした祭りがすたれた現在では、都会の夜の街が若者たちの集団免疫の獲得の場になっているのではないか、という。

昔の人は集団免疫についての知識があるわけではない。しかし長い時間をかけて積んだ経験と、そこから導かれる勘によってこのような伝統をつくり、守り続けてきたのだろう。伝統というと、古い、根拠がない、無意味である、などとバカにする人が多いが、ほとんどはこのように、生きるか死ぬかの境から導き出されたルールであるととらえるべきだと私は考えている。

ところで私が、皇統の男系男子による継承は、皇室のY染色体を初代から今日までつないできた歴史を意味する、というと、反論する人が必ず言うのは、昔の人はY染色体なんて知らなかった、知らないのにY染色体にこだわって継承するわけはない、天下の愚論だ、というものだ。

しかしながら言わせてもらうと、Y染色体を知らないから、Y染色体をつなげられない、という主張こそ愚論だ。

人間は、男女に関係ない二十二対の常染色体と、男女で異なる一組の性染色体を持っている。性染色体は、男ならXY、女ならXXだ（ちなみに、よくY遺伝子と言われるが、遺伝子が存在するのが染色体である。だからY染色体はあってもY遺伝子はない）。息子は、男しか持たないY染色体を父からそのまま受け継ぐことになる。男系でつなげば、Y染色体はほとんど変わることなく、純粋に受け継がれる。

その一方で、性染色体のXと常染色体はペアをなす染色体なので、次の世代に移行するときに、互いの同じ位置に切れ目が入り交換する「交差」という現象が起きる。だから、ほんの数世代を経るうちに内容がどんどん薄まってしまう。

しかしY染色体だけは薄まることなく、保存されて伝えられる。Y染色体の持つ、この特殊な性質を見抜くために、どうして染色体や遺伝子についての知識が必要になるだろうか？　父と息子、そのまた息子を見比べれば、何かが純粋に受け継がれていくことなど、いとも簡単に見破ることができるのではないだろうか。

Y染色体の受け継がれ方ではないが、自分の遺伝子の受け継がれ方が多いか、少ないかによって子孫に対する行動をコントロールするという証拠は山ほどある。そうでなくとも我々は古来、「血」という言葉で「遺伝子」や遺伝的な問題を言い表してきた。

血が濃い、薄い。さすがお父さんの血をひいて、いい男だ。血をわけた兄弟。血の濃い者同士で結婚してはいけない。

我々は遺伝子の問題を血の問題として、とっくに見破っていた。だからY染色体が父から息子に純粋に受け継がれることなど、当然見破れるはずだ。

そして今回の、日本人が集団免疫という知識なしに集団免疫を得るための祭りを実行してきたという記事によって、私はより確信を得た。先人たちは父から息子へのY染色体の継承、つまり何かが純粋に受け継がれるということを、とうの昔に見破っていたのである。

第2章

誘い誘われオトコとオンナ

——エセフェミニズムをぶっ飛ばせ！

人間の女が化粧して自分を美しく見せようとする〝謎〟

オスとメスでは何が一番違うのか。

哺乳類を例にとる場合、こう説明される。メスは一度妊娠したなら、出産、授乳、その後の子育て……となすべきことが次々と待ち構えていて、次の繁殖のチャンスはたとえば年単位先となる。ところがオスのほうは、一度射精したら次なる繁殖のチャンスは精子が回復したとき。チャンスをものにできるかどうかはともかく、チャンスだけはすぐに巡ってくる。

このような違いから、メスはどうせ子を産むならできるだけ質の良いオスの子を産みたいと、慎重に相手選びをする。かたやオスは、慎重に相手を選んでいてはせっかくのチャンスを逃すことになるので、メスさえOKすれば交尾する。

このように見てくると、より労力をかけ、繁殖のチャンスが少ないメスのほうが選ぶ側。あまり労力をかけず、繁殖のチャンスが多いオスのほうが選ばれる側という構図が浮かびあがってくる。

その構図がひと目でわかるのが鳥だ。鳥ではおよそ九〇%の種が一夫一妻の婚姻形態で、オスとメスとが協力して巣をつくり、子育てをするが、抱卵するのはもっぱらメス。そして産卵という多大な投資をするのもメス。メスのほうが労力を要する。よってメスがオスを選ぶのである。

多くの鳥を見てみると、オスのほうが圧倒的に美しく、メスはひたすら地味であることに気づくだろう。それはオスがその美しさによって自分がいかに優れた資質の持ち主であるかをアピールしなければならないのに対し、メスにはアピールの必要はない。それどころか、きれいになってしまったら捕食者に見つかりやすい。だから地味ないでたちでいる。

オスとしては、美しさゆえに捕食者に見つかりやすいことは覚悟のうえだ。地味で捕食者から逃れられたとしても、メスに選んでもらえなければ意味はない。自分の遺伝子を残せないからである。

ところが鳥の中にはメスのほうが美しく、オスのほうが地味という例外的存在がある。シギ、チドリの類だ。試しにタマシギを検索してみてほしい。メスのほうが圧倒的に美しいことがわかるだろう。

なぜこのようなオス、メスの逆転現象が起きるのか？　それはシギ、チドリには特殊な事情があるからだ。

メスがオスに卵を託し、抱卵もヒナの子育ても任せる。そうして自身は次なる繁殖のチャンスを狙うのである。つまりオスのほうが労力がかかり、巣に拘束される時間も長く、繁殖のチャンスも少ない。よってどうせ繁殖するならより質の良いメスを、とオスが選ぶ側に立つからである。

シギ、チドリは鳥として例外的存在だが、例外を追究することで事の本質がよりはっきりとした。より労力をかけ、より繁殖のチャンスが少ないほうが選ぶ側に立つのである。

そうすると人間はどうなのか、という問題が生じてくる。人間も哺乳類である以上、女のほうが繁殖に労力がかかり、実際、女が男を選んでいる。プロポーズをするのは普通、男の側であり、それを受け入れるか否かは女が判断する。もし女からプロポーズしたら、「逆プロポーズ」であると騒がれてしまう。人間も間違いなく女が男を選んでいる。

しかし、美しさで選んでいるわけではない。

多くの研究によると、男がルックスや声の良さ、筋肉質の体、スポーツの能力などによって自身の資質の良さ（もう少し突き詰めると免疫力の高さなのだが）をアピールし、女はそれによって男を選んでいることがわかっている。一方、女が資質の良さを魅力としてアピールするということはほとんどない。信じがたいことかもしれないが、どんなに研究しても、この原則には変わりがないのだ。

それでも女はおしゃれをし、化粧もして自分を良く見せようとする。それがなぜかは謎のままなのである。

バーが閉まりかけると女の子が急に可愛く見えてくる

バーが閉まりかけると異性が魅力的に見えるようになる。

これは言い伝えとしてあるし、実際にカントリー＆ウェスタンの歌手、ミッキー・ギリーが一九七六年に発表した曲に"Don't the Girls All Get Prettier at Closing Time"（バーが閉まりかけると女の子が皆可愛くなるのはやめてくれ）というものがある。

私はある男性に、「午後十一時くらいになると、隣にいる女の子が急に可愛く見えてくるんだけれど、あれはどうして?」と聞かれたことがある。

よくぞ聞いてくれました。すでに論文を読んでいて良かった!

この件についてはいくつかの研究があるのだが、今回は一九九〇年にアメリカ・ノースダコタ大学のB・A・グラデューらが発表した研究を見てみよう。

グラデューらは、この大学の学生が常連となっているバーを利用した。ダンスフロアもある大規模な店で、二百人くらいの客を収容できる。肝心なのはこのバーは異性と出会い、ひっかけることを目的としていることである(ピッキング・アップ・バーという)。

常連客である男女の学生(男五十八人、女四十三人)は、夜の九時と十時半、十二時の三回にわたりアンケート調査と血中アルコール濃度の測定、実際にバーにいる異性と、それとは別の異性の顔写真について1~10までの10段階評価をさせられる。

バーが閉まるのは午前一時、ラスト・オーダーは十二時半だ。そうするとまず、男も女も、バーが閉まる時間が近づくにつれ、バーにいる異性の顔の評価がだんだんと高まっていった。その傾向は男のほうにより顕著で、まさに言い伝えやカントリー&ウェスタンの曲のように「バーが閉まりかけると女の子が急に可愛く見えてしまう」のだ。

ちなみにカントリー&ウェスタンの曲では、可愛く見えるうえに、ムービースターに見え始めるとまで言っていて、顔が10段階評価で9だの8だのということにまで言及している。

ともあれ、男のほうが女よりも顕著なのは、やはり人間も女が男を選ぶという原則のもとにあり、声をかけるのが、主に男から女に対してだからだろう。つまり、男はひっかけバーにおいて「成果」なしで帰ることをなんとしても避けたい。ならば、バーの閉まる直前において自らのハードルを下げ、どんな女であっても可愛く見えてしまう必要があるというわけである。

それはきっとアルコールのせいに違いないと誰しも思うだろう。酔いが回って判断力が鈍るのだ、と。確かに、時間が進むにつれて、血中アルコール濃度は上がっていく傾向にあるのだが、それと相手の顔の評価の高まりとは一致していなかった。

もう一つ決定的なのは、アルコールを飲んでいない学生（十五人）による顔の評価だ。学生たちは、たぶん持ち回りであるのだろうが、毎回、運転手役の人間を決めていて、その人物はバーにいながらもソフトドリンクのみ飲むようにしている。その運転手役も、バーの閉店時間が近づくに従い、異性の顔の評価が上がっていったのである。要は、バーが閉まりかけるかどうか、という事実が重要で、特に男の場合には、なんとしても異性をひっかけて持ち帰ろうとするための心理を持っているのだ。

この研究では、異性の顔写真（カラー）を見せて評価させるという実験もしている。あらかじめ男女の学生、それぞれ四十人ずつの顔写真を撮影し、別の男女の学生たちに1〜10までの10段階評価をさせておく。

そうして魅力的ではない顔（平均の評価が3以上4未満）、普通の顔（同じく5以上6未満）、魅力的な顔（同じく7以上8未満）を見せ、時間とともにどう評価が変わるかを調べるのだ。写真を使うのは、実際にひっかけて持ち帰ることはできない相手であることを意味する。それでも顔の評価が変わるのか、ということだ。

すると、男と女でまったく違う傾向となった。

女の場合、一貫して男の顔写真の評価に変化はなかった。ところが男では変化があった。しかも、それは女の顔の魅力によって違った。

魅力的ではない女の場合、顔写真の評価は時間とともに、むしろ下がっていった。ところが、魅力的な女の場合には、顔写真は徐々に評価が高まり、バーの閉まりかけに最も高くなっていったのだ。

こうしてわかるのは、男は現実にはひっかけて持ち帰れないとわかっている女に対しても、期待を抱いてしまうこと。バーが閉まりかけると、早く相手を見つけなきゃと相手を過大評価するということである。

やっぱり男って、どこまでもバカ？

欧米ではマジメ男より浮気女のほうが多い

ＳＯＩ（Sociosexual Orientation Inventory）なる、社会的・性的に外側を向いているか、内側を向いているかを示すスコアがある。たとえば、どれくらい浮気を夢想するか、愛のないセックスもＯＫか、などといった質問項目に１から９までの段階で答える。１が最もそういうことはない、９が最もそういうことがある、を意味する。

英オックスフォード大学のＲ・ヴロダルスキーらは、こういう調査をイギリス（男百三十四人、女百八十六人）と北米（男六十八人、女百八十七人）に実施し、各人の平均のＳＯＩの分布を示すグラフ（五十五頁）をつくった（二〇一五年）。

一見したところ山が一つあるだけに思われたが、よくよく分析してみると、どの山も二山の重なりであることがわかった。低いほうにピークがある山と高いほうにピークがある山だ。

前者は全体的にSOIの値が低いわけで、社会的性的に内側を向いているグループ。後者は全体的にSOIの値が高いわけで、社会的性的に外側を向いているグループだ。

前者を「真面目型」、後者を「浮気型」と呼ぶことにしよう（ヴロダルスキーは、それぞれStayとStrayとしている。留まるか、さすらうかだ）。

ここで重要なことは、イギリスでもアメリカでも、男は浮気型の勢力のほうが大きく、女は真面目型の勢力が大きいということだ。それは十分に予想できる。なぜなら、男は一度射精したなら、次なる繁殖のチャンスは精子が回復したとき、つまり数日後ということになる。ならば、外に関心を向け、どんどん繁殖のチャンスを見つけ、活かしていくべきだ。かたや女は、一度妊娠したなら、出産、授乳、その後の子育てと次々やるべきことが控えており、外に関心を向ける余裕があまりないのである。

この研究ではイギリスに限り、指比《ゆびひ》も計っている。指比とは、薬指の長さに対する人差し指の長さの比である。右手の手のひらの側で指の付け根から先端までの長さを測る

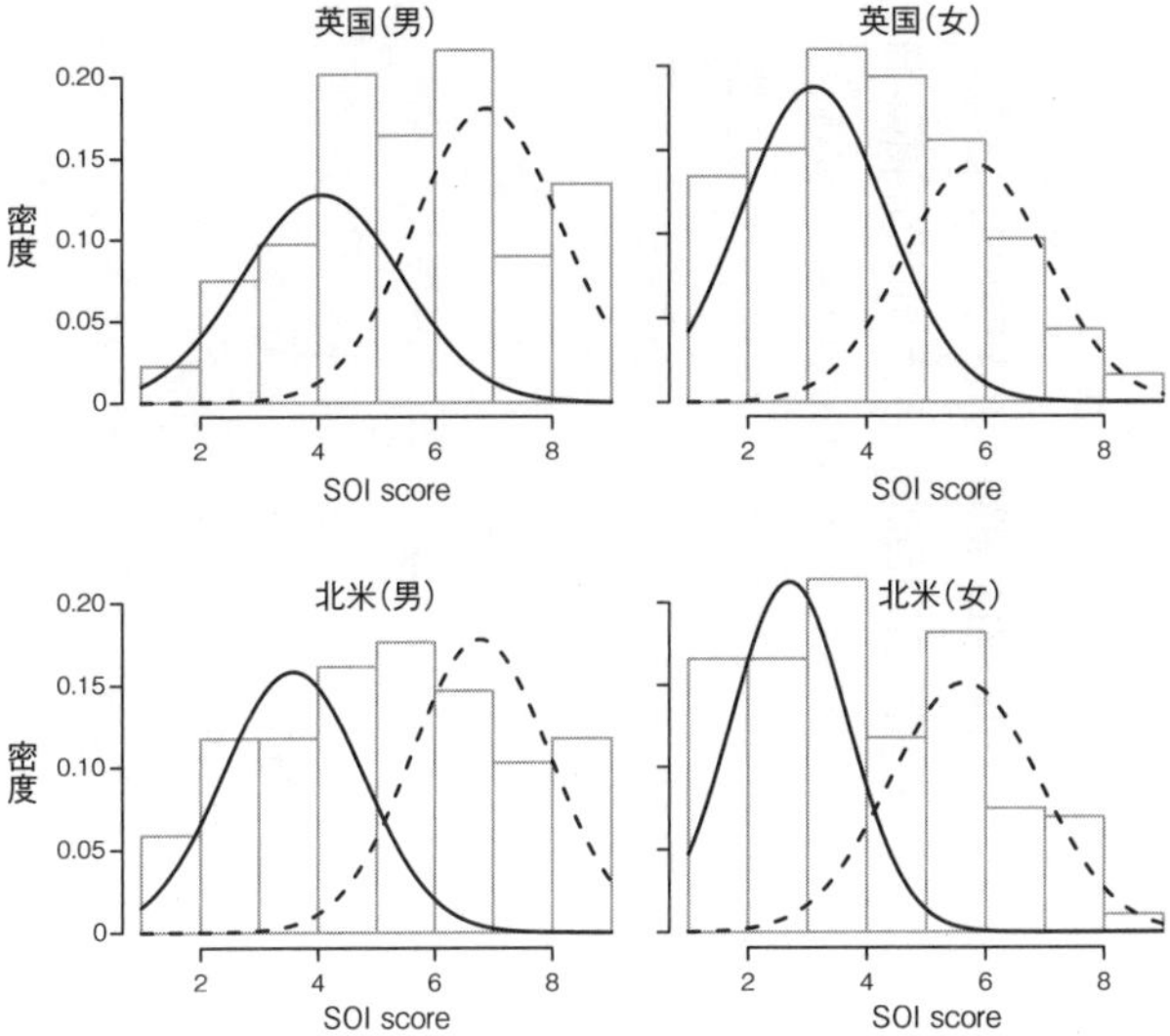

のである。

　指比がなぜ重要かというと、体の基礎ができる胎児期のホルモン環境、特に男性ホルモンの代表格であるテストステロンのレヴェルがどうであったかを知ることができるからだ。指比の値が低いほど、テストステロンレヴェルは高かったといえる。なぜならテストステロンは薬指を伸ばし、人差し指の成長を妨げる効果があるからだ。

　また、胎児期にテストステロンレヴェルが高いと、テストステロンの受容体の密度も増すこともわかっていて、テストステロンの働きがよく発揮されることになる。テストステロンは男女ともに性欲に関わっており、このようなことから、指比はその人物の繁殖戦略までも反映していることになる。

ともあれ、イギリスでは指比も、男女ともに二山の分布を示した。指比の値が小さいグループ（高テストステロングループ）と、指比の値が大きいグループ（低テストステロングループ）だ。

ＳＯＩの結果と同様に男では高テストステロングループの勢力が低テストステロングループより上回った。つまり性欲が強く、浮気型の勢力（六二％）が大なのだ。

ところが女では、高テストステロングループと低テストステロングループの勢力が拮《きっ》抗《こう》した。どちらも五〇％で、これはやや意外である。

結局、ＳＯＩのイギリスの結果、ＳＯＩの北米の結果、指比のイギリスの結果、という三つの結果を総合すると、次のようなことがわかった。

・**男は浮気型五七％：真面目型四三％**
・**女は浮気型四七％：真面目型五三％**

やはり男では浮気型、女では真面目型が多い。しかしよくよく眺めてみるならば、女の浮気型の四七％のほうが男の真面目型の四三％を上回っているではないか！　そんなことってあるのだろうか。

とはいえ、これらは男の睾丸《こうがん》サイズが左右併せて四十グラムもある、欧米の人々の話である。睾丸の発達は浮気の横行具合と対応する。女の浮気に対し、男は精子をたくさんつくり、注入することで対抗するからだ。だから実は、そんなに驚くような結果ではないのかもしれない。

そして睾丸サイズが左右あわせて二十グラムしかなく、あまり浮気が横行していない、我々モンゴロイドでは、おそらくあり得ない話ということになるだろう。

浮気を見破るには重い荷物を運ばせてみよう

重いバッグを背負っている人は、距離を実際よりも遠く、坂の勾配をより急であるように感じることがわかっている。

このように体にかかる負荷という身体的な認知が物理的判断に影響を与えるわけだが、体だけではなく、心にかかる負荷についても同じことが言えるのではないかと考えた人々がいる。

二〇一二年のこと、米タフツ大学のM・L・スレーピアンらは、オンラインで集めた被験者四十人（六五％が女性、平均年齢三十一歳）について、「大きな個人的秘密」を思い出させるグループと「ささいな個人的な秘密」を思い出させるグループとにランダムに振り分けた。そして坂の勾配を予想させるのだが、坂の断面を見せるのではなく、正面から見せるという点がポイントである。

ともかくそうすると、前者の大きな個人的秘密を思い出したグループでは坂の勾配を平均で四六・〇五度と予想したのに対し、後者のささいな個人的秘密を思い出したグループは平均で三二・九〇度だった。秘密という心の負荷の大きさが、坂の勾配という物理的な判断に影響を及ぼすわけである。

スレーピアンらは次に、大きな秘密とささいな秘密が、物理的な距離の判断にも影響を及ぼすのではないかと考えた。そこで今度は学生三十六人（うち女子が七五％、平均年齢十九歳）を被験者として、的《まと》を目がけてお手玉を投げさせるという実験をした。的といっても、大きく穴の空いた板を二・六五メートル先に置き、そこを目がけて投げさせるというものだ。穴が空いているので、投げすぎたとしても、穴をくぐってから落下する。

するとやはり、ささいな秘密を思い出したグループは、的までの距離を割と正確に判断し、的よりも平均で一・三二センチ投げすぎただけだった。

片や大きな秘密を思い出したグループは、的よりも平均で十七・三〇センチも遠くへ投げてしまった。的を実際よりもかなり遠くに感じていたのだ。

さて、そうすると、問題は浮気だ。

やはりオンラインで被験者を集めたのだが、最近浮気をしたという人々、四十人（うち女性が五五％、平均年齢二十七歳）である。

まず、自身がどれくらい浮気をしたことを悔いているかについて1から7までの7段階の評価をさせる。1がほとんど悔いていない、7が最も悔いていることを意味する。

そのうえで肉体的努力を要する仕事をさせるグループと、そうではない仕事をさせるグループに分ける。各々二十人ずつである。肉体的努力を要する仕事とは、スーパーで食料品を上の階に運ぶ、イヌの散歩をさせる、人を動かすのを手伝うという三種。肉体的努力を要さない仕事とは、人におつりを渡す、寄付をする、人に道順を教える、の三種である。

すると、後者の肉体的努力を要さない仕事については、浮気をどれほど悔いているかと、仕事へのやる気がどれほどあるかとの間に相関はなかった。しかし、前者の肉体的努力を要する仕事については、自身の浮気を悔いていればいるほど、その仕事をすることを億劫《おっくう》に感じたのだ。心の重荷が大きいと、大きなエネルギーを必要とする仕事をなかなかやる気にならないのである。

ということは、だ。

パートナーが最近、浮気をしたかどうかについては、重い荷物を運ばせるなどの仕事をさせてみるとよい。もし、いつもよりも億劫な表情を見せるとか、いやいやながらするなどしたら、かなり高い確率で浮気確定。ただし、それは本人が浮気を大いに悔いているときのみに現れる現象だ。

浮気を何とも思っていないか、ほとんど気にしていない場合には判定できないのが難点である。逆に疑心暗鬼に駆られるかもしれない！

精液は女に心の安らぎを与える

ニューヨーク州立大学オールバニー校のG・G・ギャラップ・ジュニアらは精液を専門として研究している。二〇〇二年には、まず精液に抗うつ作用があることを発表した。そもそも男が精液を女に送り込む際に、何らかの仕掛けを施さない、などということはあり得ない。

精液にはテストステロン（男性ホルモンの代表格）、エストロゲン（いくつかの女性ホルモンの総称）、刺激ホルモン（FSH）、形成ホルモン（LH）、プロラクチン、プロスタグランジン数種、といった具合に様々な物質が含まれている。特に、エストロゲン、FSH、LHは女性の月経周期において重要な役割を担っている。

ギャラップ・ジュニアらは、所属する大学の女子学生二百九十三人を被験者とし、まったくセックスをしていない三十七人を除いた二百五十六人について、以下のグループに分けた。

・コンドームを常に使用しない（なおかつピルを服用している）
・コンドームは時々使用する
・コンドームは普通使用する
・コンドームは常に使用する

そして一番最近のセックスから何日経っているか、そしてBDI（Beck Depression Inventory＝ベックうつ病尺度。認知療法でも知られるアーロン・T・ベックによって作成された）なる「うつ」のスコアを、いくつかの質問に答えることではじき出す。

すると「コンドームは常に使用しない」、生《ナマ》派の女のうつのスコア、BDIは平均で八・〇〇。「普通使用する」は一五・一三、「常に使用する」は一一・三三だった。常に生だと、うつ傾向が低いのだ。

これは常に生でも平気であるという楽観的性質によるのではない。彼女たちはピルを服用しており、避妊がほぼ完璧だからだ。

また、コンドームを常に使用、普通使用しているグループのBDIは、まったくセックスをしていないグループのBDIと差がなかった。そのようなことから、精液に抗うつ作用があるのではないか、と考えられるが、それは一番最近にセックスをした日からどれくらい経っているかで、ＢＤＩに変化があるかどうかを調べると、よりはっきりとしてくる。

完全な生派と時々コンドーム派では、日数を経るごとにＢＤＩが増していく。うつ傾向が強まるのだ。それに対し、コンドームをよく使用し、精液にほとんど触れないグループではＢＤＩにほとんど変化がないのである。

さらには、うつの特徴ともいえる自殺を試みた割合（％）との関係を調べると、次のような結果となった。

- 常にコンドームを使用しない　四・五
- 時々コンドーム使用　七・四
- 普通コンドーム使用　二八・九
- 常にコンドーム使用　一三・二

前の二つのグループ（精液に良く触れる）と、後の二グループ（精液にほとんど触れない）との間に大きな違いがある。やはり精液には抗うつ作用があると見てよいようだ。

どんな成分が抗うつ作用を持つのか。マウスにテストステロンを投与した実験と、エストロゲンが女性の気分を高揚させることから、ギャラップ・ジュニアらはこれらの性ホルモンの可能性を指摘している。

　二〇二〇年になると、ギャラップ・ジュニアらは精液に鎮静作用があるという研究を発表した。同じくニューヨーク州立大学オールバニー校の学生を被験者として、アンケートをとったのだ。男九十八人、女百二十八人だが、いずれもヘテロセクシャル（異性愛者）で、昼よりも夜によくセックスする者たちであり、コンドームを使用したか否かについても申告させる。

　すると、全体的に、

・女のほうが男よりもセックスの後に眠くなる
・セックスのオルガスムスによって男も女も眠くなる
・しかし女はオルガスムスのあるなしに関係なく眠くなる
・しかも女はコンドームなしのときのほうがより眠くなる
・マスターベーションでは男女で眠気に差はない

　このようなことから、ギャラップ・ジュニアらは精液に鎮静作用があると考えたわけである。

　でも、なぜセックスのあと、男によって、特に精液の成分によって女は眠くなって寝てしまうように操作されるのか。

ギャラップ・ジュニアらによると、人間は二足歩行となったため、他の霊長類などとは違い、セックス後に精液が流れ出やすくなっている。しかしセックスの後に女が眠くなり、横になって寝れば、そのようなことは防げる。そして女が仰向けに横たわる正常位とは、まさに精液をキープするために役立つための体位であるからこそ一般的になったのではないか、というのである。

さらにはセックスの後、女が眠ってしまうと、男は女をガードすることになる。女にとっても男が別の女のもとへ行くことを阻止することができるのだ。

このように見てきて私が気づいたのは、なぜ人間は主に夜にセックスをするかということだ。それは昼のセックスではそのまま寝てしまうことが少ないために、精液が流出する恐れもあれば、男女が互いにガードすることもないからではないだろうか。

ギャラップ・ジュニアらが主に夜にセックスする者たちを被験者としたのは、夜のセックスこそが重要だと考えたからなのだ。

そして、いったい精液のどの成分に鎮静効果があるのかについては、プロラクチンだろうと推測している。ギャラップ・ジュニアらとは別の研究者たちが、女には生のセックス後に、マスターベーションの場合の五倍のレヴェルのプロラクチンが存在することを突き止めているからだ。実際、赤ちゃんにお乳を含ませているお母さんは、催眠術にでもかかっているかのように眠いという。母乳の分泌にはプロラクチンが必要で、プロラクチンに眠気を誘う効果があるからだ。

精液は単に精子を放出するためのものではない。射精後の女の行動まで操るのである。

タマはわかった、ではサオはどうなのだ

最近、『WILL増刊号』(『WILL』本誌で語れなかったことをカバーするネット動画)に登場し、男の睾丸の大きさと子育ての熱心さについての研究を紹介した。

たぶん皆さん、おわかりと思う。睾丸の大きい男はわが子の世話にあまり熱心ではなく、代わりに睾丸の小さい男は子育てに熱心な、イクメンである傾向があるのだ。

睾丸が小さい男はまた、わが子の写真を見せられたときに脳の報酬系が活発に反応し、「かわいい」とか「しあわせ」と感ずる傾向があった。要は子どもにメロメロなのだ。

この動画に対するコメントで非常に多かったのは、「タマはわかった。ではサオはどうなんだ」というものだ。

このサオ問題だが、長年、女は男のペニスの大小には関心がない、大きすぎるペニスは膣《ちつ》を傷つける可能性があるからだ、などと説明されてきた。これは女に直接のアンケートをとった結果だ。しかし女というのは性についてのアンケートをとると、何かと控えめに答える傾向があると昔から言われている。初体験の年齢を高めに申告するとか、経験人数を少なめに申告するなどである。だからペニスについての関心も、実際よりは控えめに申告している可能性がある。ちなみに男は逆に、大袈裟に申告する傾向がある。童貞を失った年齢を低く、経験人数を多く申告する。

ともあれ、オーストラリア国立大学のブライアン・モールツらは、女がウソをつきにくい状況を設定し、女がペニスに本当に興味がないのかどうかを調べている。二〇一三年のことで、発表された学術雑誌は『PNAS』（米科学アカデミー紀要）。世界最高レヴェルのものだ。

モールツらは、等身大の男の裸のフィギュアを壁に投影させ、それがどれくらい魅力的であるかを答えさせるという手法を用いた。体の特徴として、ペニスサイズ（平常時）

を五センチから十三センチまでの範囲で七段階に分けたもの、ヒップに対する肩幅の比（ヒップに対して肩幅が広いほど男らしい体型）を一・一三〜一・四五までの範囲で七段階に分けたもの、身長を一・六三〜一・八七メートルまでの範囲で七段階に分けたもの、という合計で三百四十三種のフィギュアを作成した。7×7×7＝343というわけである。

このうちのすべてのフィギュアが見せられるわけではなく、ランダムに選ばれた五十三のケースが壁に投影される。各フィギュアの投影は四秒間で、左右に三十度ずつ回転して側面からの様子も観察できる。被験者である女子学生たちは、その間に1から7までのキーボードを押して魅力のほどを答える。このようにすることでダイレクトにペニスの魅力を訊ねてはいないので、ウソがつきにくいのだ。

ともかくそうすると、ペニスサイズ、男らしい体型、身長という三つの要素は連動しており、ペニスの大きさと身長の高さとは同じくらいの魅力があることがわかった。やはり女はこれまでウソをついていたのだ。ペニスの大きさは身長の高さと同じくらいの魅力を持っている。

ではペニスが大きいことには、どんな意味があり、魅力となっているのだろう。

女が惹かれる大きなペニスの掻き出し能力

前項で、女は実は男のペニスサイズを気にしていること、しかもそれは身長と同じくらいの大きな関心事であるということを説明した。

今回は、なぜ女は大きいペニスを好むのか、大きいペニスにはどんな意味があるのか、という件について論じてみようと思う。

その前に、まずは睾丸とペニスについて人間とチンパンジー、ゴリラの比較をしてみよう。

チンパンジーは乱婚的である。そのため、自分の子をメスに産ませるためには、とにかく精子をたくさんつくらねばならない。だから精子の製造元である睾丸がびっくりするくらいに大きい。左右あわせて百二十グラム。人間では平均すると、ニグロイドが五十グラム、コーカソイドが四十グラム、モンゴロイドがわずか二十グラムであるのに対してである。チンパンジーのオスの体重は五十キロくらいであるのに、この睾丸の大きさだ。

しかしチンパンジーは睾丸が大きいのに、ペニスは細くて短い。膨張時で八センチくらいの長さで、しかも先端がすっとすぼまっている。人間とは大違いだ。

その人間のペニスだが、人種によって大きさが違い、ニグロイド、コーカソイド、モンゴロイドの順だ。膨張時の長さは、それぞれ十六〜二十センチ、十四〜十五センチ、十〜十四センチ。膨張時の太さ（幅）も、それぞれ平均で五・一センチ、三・八センチ、三・二センチだ。もちろん個人差は大いにあって、ニグロイドよりも大きいペニスを持つモンゴロイドもいる。このデータは、十九世紀のフランスのある軍医が世界で初めてとったものなのだが、その名は伏せられている。

ともあれ、ここで重要なのは、人間のペニスが霊長類で最も大きいということなのだが、この事実は案外知られていない。

一方で、ゴリラは睾丸もペニスも発達していない。なぜなら一頭のオスが複数のメスとその子どもたちを従え、ハレムを形成。行動は四六時中いっしょ。他のオスの付け入る余地がないからである。ペニスは膨張時で三センチ程度だ。

人間の男のペニスは太くて長い。霊長類で最大、しかも先端にきのこのような返しがある。なぜなのだろう。この件についてはカワトンボの研究から始まっている。

カワトンボのオスのペニスには大きな返しがあり、それによってまず、それ以前に注入された精子、といっても昆虫の場合、精子はカプセルのようなものに入っていて、精包と呼ばれるが、この精包を掻き出してから自分の精包を注入する。

人間の男もこれと同じではないのか、と考えたのがイギリス、マンチェスター大学のロビン・ベイカーらだ。ベイカーらは、男が射精の前に何十回、何百回ものスラスト（ピストン運動）をするのは、前回射精した男の精子を吸引し、掻き出すためではないかという。もし前回射精の男が自分であったとしても、古くなっている精子を吸引し、掻き出すという意味がある。

そのような吸引と掻き出しが効率よくできるよう、太くなって膣に密着するようになったし、長くもなった。そして先端に返しができたというのである。これを「サクションン・ピストン仮説」という。サクションは吸引の意、ピストンはピストン運動のピストンだ。

ベイカーらがこの仮説を提出したのは一九九五年に出版された本の中だが、仮説の検証までは行わなかった。仮説を検証したのはアメリカのG・G・ギャラップ・ジュニアらで、二〇〇三年のことである。

彼らはアダルトグッズを利用した。人工のヴァギナ（女性器）にコーンスターチを水で練ったものを〝精液〟として注入。ペニスについては返しのあるタイプと、ないタイプを用意し、手動によって掻き出すという実験をした。

そうすると、返しのないタイプでは〝精液〟の三五％しか掻き出せなかったのに対し、返しのあるタイプでは九一％も掻き出すことができた。

こうして男が射精の前に何十回、何百回とスラストするのは、そのことによって女の生殖器に残っている精液を掻き出しているということがわかった。そのために太く、長く、返しのあるペニスが発達したわけである。

女が男の大きなペニスに惹かれるのは「掻き出し能力」を評価してのことなのだろう。男も自分のものを他人と比較し、自慢したりするわけだが、それはどうやら「掻き出し能力」の自慢であるようだ。

ウエストがくびれた女は、男心をお見通し

精液に抗うつ作用があること、同じく鎮静作用があること、そしてサクション・ピストン仮説の検証など、性に関する大胆な研究をしている米ニューヨーク大学オールバニー校のG・G・ギャラップ・ジュニアらは、引き締まった女のウエストと、人の心を読む能力との関係についても調べている。

そもそもウエストがヒップに対して、いかに引き締まっているかの比の値は、WHR（Waist to Hip Ratio）と言い表される。女の場合、〇・七くらいであることが望ましいが、もう少し低い値はもっと理想的となる。

たとえばウエスト六十三センチに対し、ヒップ九十センチだとWHRは〇・七だ。ウエストが六十センチなら、WHRが〇・七となるのはヒップが八十六センチくらい。女性なら、「ああなるほど、そうか」と納得する値だろう。

女のWHRの値が低いと、妊娠しやすい、本人と子の知能が高い、健康である、質の

いい乳が出る、声が良い。セックスパートナーの数が多く、浮気に関わりがちであることもわかっている。また男がWHRの低い女を見ると、脳の報酬系がよく活性化し、年齢に関係なく、よくエレクト（勃起《ぼっき》）する。

男が遺伝的にそのような女を好むことは、生まれつき盲目の男性にマネキンのウエスト、ヒップを触ってもらい、好みを聞くと、やはりウエストが引き締まったマネキンを選ぶという事実からわかる。視覚的な刺激とは関係ないのだ。

女のWHRを低くするのは、実は女性ホルモンのエストロゲンである。エストロゲンは脂肪をヒップや太ももにつけさせ、WHRの値を低くするからだ。そうしてWHRは妊娠しやすいなど、特に女性に顕著な様々な性質と関わるのだが、この研究では人の心を読む能力との関係に注目した。

そもそもエストロゲンは脳を女性化するので、男よりも女のほうが他人に感情移入し、共感するとか、人の心を読む能力に優れている。だから、女性の中でもよりエストロゲンのレヴェルが高く、WHRの値の低い女ほど、人の心をよく読めるのではないかというのだ。

人の心を読む能力についてはRMEテストなる、目の部分だけの情報が得られる写真に対し、その人がどんな感情を抱いているかを、四つの選択肢から選ぶテストを行って調べる。ＲＭＥとは、〝Reading the Mind in the Eye〟の大文字の部分をとったものだ。

そうすると、全部で三十六枚の写真のうち、平均で二十六枚が正解で、中には三十四枚も当てた女性もいた。そして予想通り、ＷＨＲが低いほど正解率が高かった。では、ＷＨＲの低い女が人の心をよく読める能力は、実際にはどのような状況で発揮されるのだろうか。

ギャラップ・ジュニアらは、まず子育てを考える。物言えぬ乳児や幼児が、何を訴えているかを目の表情から見極める。このことは誰もが思いつくだろう。ギャラップ・ジュニアらがすごいのは、もう一つの可能性を考えたことだ。

それは、ＷＨＲの低い女は魅力的なので、男がしょっちゅう言い寄ってくる。その際、男が一夜限りで女をポイ捨てするような不誠実なタイプなのか、長いつき合いを望む、誠実なタイプかを見破る能力が、ＷＨＲが高い女よりも、ずっと必要となるからだという。

子育て中に我が子の心を読み取る件については、ＷＨＲの高さはあまり関係ないだろう。どんな女も同じように必要となる能力だからだ。

しかし、言い寄る男の多さには、もろにWHRが関わる。だから後者の、男の心を読み取るというほうがより重大なのではないだろうか。

大人の女が怖い男たち――小児性愛の生物学

アメリカの新大統領、民主党のジョン・バイデン氏には「小児性愛」の疑いがかかっていた。SNS上に流された動画では、極めて公然の場であるにもかかわらず、十歳前後と見られる少女にベタベタ触り、髪の毛にキスし、匂いを嗅ぐという様子が映し出されている。しかも何人もだ。少女たちはひどく嫌がり、怯《おび》えてさえいる。公然の場でこうなのだから、プライベートではどれほどであろうか。

イギリスのアンドリュー王子にも似たような疑いがかかっている。

二〇一九年八月、未成年の少女を性的目的で人身取引したとして起訴されたアメリカの富豪、ジェフリー・エプスタイン被告が勾留中に死亡したが、アンドリュー王子はエプスタイン被告宅に滞在したことがあるうえ、エプスタインの性の奴隷だったとされる女性がアンドリュー王子との関係を証言した。

王子は二〇一九年十一月からいったん公務を外れていたが、二〇二〇年六月九日には「公務を再開しない」と報じられ、疑惑を認めた形となってしまった。

なぜ世の中には小児、つまり十歳以下、あるいは思春期以前の、まだ性的に目覚めていない子どもに惹かれる男がいるのだろう（ここではカトリックの聖職者のように男の子に惹かれるケースは除いて考える）。

実際、米国キンゼイ研究所の一九七五年の報告によれば、男の約二五％もが小児に対して性的に惹かれるという。となれば、これはエラーなどではない。何か重要な意味があるはずだ。小児性愛を巡っては犯罪も発生するし、何より小児本人が精神的な深手を負うという痛ましい行為だ。しかし、ここではあくまで動物学的にこの問題を追究したい。

ずっと以前から、私には心にひっかかっていることがある。

私の周りは理系男だらけだが、彼らが口を揃えるのは、化粧をばっちり決めたり、爪を伸ばしてマニキュアをつけたり、ハイヒールでカツカツと歩き、なおかつ口で男を言い負かすような、大人の女が怖いということである。

確かに化粧をすると、童顔の女でも大人っぽく、怖くてきつい印象になる。伸ばした爪もハイヒールも武器になりそうで怖い。口が達者なのも、口下手の理系男には脅威だろう。

だからと言って、彼らは幼い子どもに目をつけるわけではない。大人ではあるが、化粧をほとんどせず、服装もおだやかな、口やかましくない女、いうなれば女として難易度が高くない女を選んでいるのである。

それでも、この「大人の女が怖い」という発言は私の心にずっと残っていた。そうして出会ったのが、セアカゴケグモである。

メスが猛毒を持つ外来種として警告されているこのクモ。メスがオスの四十倍もの大きさがあり、「後家《ごけ》」と名づけられるくらいで、メスが交尾中にオスを食うことがある。とはいえ食われることにも意味があり、生まれてくるわが子に栄養を与えることになるし、食われている間は他のオスが交尾することを阻止できるのだ。ただ、その一方で、オスは恐ろしいメスに対し、ある戦略を進化させた。

クモも何回かの脱皮ののち大人となる。そこでメスの最終脱皮の直前に目をつけた。何しろ体はまだ柔らかいうえに、凶暴さを身につけていない。チャンスだ。触肢でメスの体を突き破り、精子を送り込めばいい。

　そんな早い段階に送り込んでしまっても大丈夫かと思うが、精子は最終脱皮まで生きているのである。

　このクモの研究で名高いカナダ・トロント大学スカボロ校のM・アンドラーデ（女性）によると、最終脱皮直前のメスの三分の一はすでに精子を送り込まれているという。大人のメスは怖いけれど、幼女なら何とかなる。これがセアカゴケグモのオスの戦略だ。

　人間の男が幼い女の子に惹かれるのも似たような心理からかもしれない。ただし、セアカゴケグモと違い、それがはたして繁殖につながるのかという問題がある。

　この点について説明しているのが、イギリスのロビン・ベイカーだ。彼は九～十歳の女の子でも妊娠することがあり、繁殖戦略として十分成り立つというのである。

　少しでも可能性があるのなら、何でもする、その際、タブーも倫理もない、というのが動物の世界なのだ。

狩猟採集時代の私は狩人だったかもしれない

最近、『ナショナルジオグラフィック』を読んでいて、こんな記事を見つけた。南米ペルーのアンデス山脈で、約九千年前の狩猟採集民の墓が見つかった。カリフォルニア大学デービス校のランダル・ハースらが調べたところ、狩りのための石や獲物の皮をはぐ際の道具が副葬品として見つかり、墓の主はきっと優れた狩人であり、皆に尊敬されていた男性だろうと推測された。

ところが、その人物の骨を調べたところ女性ということがわかったのだ。そうして他の墓の調査結果を見直したところ、こういうふうに副葬品として狩りの道具が供えられている人物の三〇～五〇％女性であったというのだ。

さあ、大変！　男は狩りに出かけ、女は家の近くで植物などを採集するという狩猟採集生活の原則が音を立てて崩れてしまったではないか。

しかし私は、そりゃそうだろうな、と思った。なぜなら私が狩猟採集時代に生きていたとして、大人しく家の近くに留まり、近所の奥さんたちと世間話をしながら植物の採集に励むかといえば、そんな退屈な生活を受け入れられるとは思えないからだ。おそらく志願して狩りについていき、男たちの作戦会議に加わり、「よっしゃあ、今日こそは大物を仕留めてやるぞ！」と雄叫《おたけ》びをあげるだろう。

私は京都大学理学部出身で、一学年二百八十一人中、女子は十四人だったが、ほとんどの女子は家の周辺には留まらず、狩りに行って大物を仕留めたいと願うようなタイプだった。

ちょっと話は脱線するが、トランスポゾン、いわゆる「動く遺伝子」の研究でノーベル生理学・医学賞を受賞した、アメリカのバーバラ・マクリントック女史の逸話にこんなものがある。

あるとき夜間に研究室を訪れたマクリントックだが、あいにく建物の入り口に鍵がかかっていて入れなかった。彼女の研究室は三階にある。どうしても研究室に入りたい彼女がどう行動したか。それは建物の外壁をよじ登り、窓から侵入するということだった。

この逸話を読んだとき、我が京大理学部の女子なら、自分も含め、いずれもそれに近いことをするだろうと思ったのである。

マクリントックだけでなく京大理学部やその他の大学の理系学部の女子は、とにかく理系科目が得意である。そしてここが肝心なのだが、理系科目という男の得意分野に単に優れるだけでなく、並みの男よりもはるかに優れているということだ。

この件について、カナダ・サイモンフレーザー大学のドリーン・キムラ（日系人ではない）は、一九九四年にこんな研究を行った。

そもそも男は右の生殖腺（睾丸）、女は左の生殖腺（乳房）が大きい傾向にある。傾向にあるというだけで、左の睾丸が大きい男、右の乳房が大きい女、もいる。しかしどちらの生殖腺が大きいかということは、脳の視床下部のうち、どちらにより影響が及んでいるかと対応している。

つまり生殖腺（男なら睾丸、女なら乳房）の右が大きいと右の視床下部により影響が及び（いわば男性脳）、左が大きいと左の視床下部により影響が及ぶ（いわば女性脳）。

そしてキムラらは、「性差なしテスト」と「女性優位テスト（女が得意とするテスト）」「男性優位テスト（男が得意とするテスト）」を行った。

性差なしテストは、語彙《ごい》（ボキャブラリー）、視覚的な推論課題、言語的な推理課題。

女性優位テストは、aで始まる単語の発見、同じ絵探し、白いものと赤いものというカテゴリー分け。男性優位テストは、数学適性、心的回転（図形を心の中で回転させる）、ベントンの線分（表示された線分の傾きを分度器と見比べて何度くらいか推測する）、標的狙い（壁にかけたカーペットを目がけ、マジックテープで覆ったボールを投げさせ、いかに的に当てるか）などだ。

そうすると、右の乳房が大きい女（男性脳の持ち主）は、女なのに男性優位テストに優れ、それは並みの男よりもよい成績だった。左の睾丸が大きいという男（女性脳の持ち主）は、男なのに女性優位テストに優れ、これもまた並みの女よりも良い成績だった。

こうしてみると、男性優位テストに優れた女は、狩猟採集時代なら狩猟チームの一員となっていたとしても不思議はない。狩りには、男性優位テストの項目にもある、空間認識力や的に当てる能力が必須であり、それらが並みの男より優れているからだ。

それと同時に、女性適性テストに優れた男は狩猟採集時代には、子育てや採集生活を担っていたのではないか、と想像は膨らむ。

狩猟採集時代のほうがむしろ、後の時代よりも、男女の役割分担が制限されていなかったのではないだろうか。

恐怖からいち早く逃げる女、戦うために留まる男

イヌは、人間が自分を怖がっているかどうか、匂いでわかってしまうと言われている。どうも恐怖を感じているときに発せられる匂いというものがあるらしい。欧米では民間伝承として、ハッピーに感じている人からは甘い香りが、恐怖を感じている人からは悪臭が漂うと言われている。

実際の研究では、アリ、ミツバチ、魚（ヒメハヤ。別名ミノウ）、哺乳類（ラット、マウス）で、体の匂いの変化から恐怖や警告についてコミュニケーションをしていることがわかっている。では人間で実際にそうなのか、という件について研究したのは、米国ラトガース大学のJ・H・ジョーンズらで、二〇〇〇年のことだ。

彼らはまず、ニュージャージー州の大学の学生またはスタッフ、男十人、女十二人について、二種類の動画を見せた。一つはコメディーの抜粋で十三分間の動画だ。これはハッピーな気分にさせるもの。もう一つは、ヘビや虫、人食いワニの動画で、やはり十

三分間。こちらは恐怖を感じさせるものだ。

被験者たちは、どちらの動画を見ている間にも、それぞれ腋《わき》の下にガーゼがあてがわれ、ハッピーな気分または恐怖を感じたときの匂いがしみ込んだ汗が吸い取られる。これらのガーゼはマイナス八十度に保たれて一週間保存された後、瓶の底に入れて、判別者たちの判断を仰ぐことになる。判別者もニュージャージー州の大学の学生、またはスタッフで、男三十七人、女四十人だ。

すると、男も女も、女がハッピーな気分のときに発する匂いについてはよく判別できた。しかし男がハッピーな気分のときに発する匂いについては女しか判別できなかった。そして恐怖を感じているときに発せられる匂いについては、男も女も、女が発する匂いについては判別できなかった。

しかし男も女も、男が恐怖を感じているときに発せられる匂いについては判別できたのである。判別できているかどうかは、ランダムにそう判別する確率よりどれくらい上回っているかどうかによって決める。より上回っているほど、より鋭く判別できているとするのである。

この研究からわかるのは、人間の感情は体臭の変化によって判別できるということ。

さらにその判別は女のほうが男よりも鋭いということである。

実際、過去の研究からも、女のほうが、同性の二人の手の匂いの違いがわかるし、他者のTシャツの匂いと混じって自分のTシャツの匂いがあるときに、それがわかる。息の匂いの強さから、その人物の性がわかる。さらに感情的な視覚的、聴覚的シグナルについても男よりも感受性が高いのだ。

この研究で一番注目すべきことは、女が恐怖を感じているときの匂いは、男にも女にもわからないというのに、男が恐怖を感じているときにのみ、それは男にも女にもわかるということだ。おそらく捕食者などを発見し、恐怖を感ずるのがもっぱら男だからだろう。

そしてデータから読み取れるのは、男が恐怖を感じている件については女のほうが男よりも、はるかに鋭く感じ取っているということである。ということは、男が捕食者などを発見して恐怖を感じたとき、いち早く反応し、逃げるのは女ということになる。そして男はむしろ留まって仲間を助けるとか、いっしょに戦うために、女より反応が鈍くなるようできているのだろう。

第3章

カップルの不都合な真実

——なぜ浮気がとまらないのか

結婚するとヤル気が失せ、浮気のときには精子も張り切る

付き合っていたときには会えば必ずセックスしていたのに、結婚していっしょに住むようになったら、急にヤル気が失せてしまった。これってどういうこと？

このような質問を発する男がよくいる。発言しなくても心中でそう思っている男も少なくないだろう。妻に対して申し訳ないと思っているのかもしれないが、大丈夫だ。それって当然のことですから！

そもそも男にとって結婚とはどういう意味を持つのだろう。愛する人と人生を共にすること？　まあ、そういうことかもしれない。子が生まれ、父親となって世話や様々な投資をすること？　そう、生まれてきた子に対し、それが本当に自分の子であろうが、なかろうが、養育する義務がある！

しかし、まずその前に、独身時代と大きく変化することがある。

それは、相手の女をガードする時間が格段に増えるということだ。少なくとも夜の間

はガードしている。よって独身時代のように、会えば必ずセックスをし、相手が他の男の精子によって妊娠しないよう、自分の精子を送り込んでおく必要は、さほどないということになる。

これが結婚するとやる気が失せるという現象の背景にあるものである。だから、正式に結婚していなくても、同居さえしていれば同じくやる気が失せるのだ。

この、相手のガードという問題を掘り下げ、実際のカップルを被験者として研究したのはイギリスのロビン・ベイカーとマーク・ベリス。一九八九年のことだ。

彼らは男女それぞれ二十四人、二十五組のカップルを被験者とした。二十四人ずつなのになぜ二十五組のカップルかというと、ある男性被験者がパートナーと別れ、同じ被験者仲間の女性と新たにカップルとなったからだ。そのことにより、新旧、二つのカップルができ、カップル数としては一つ多いのだ。そして、女性のほうの元パートナーは新たなパートナーを見つけることはなかったが、それでも健気《けなげ》にマスターベーションのサンプルを提出し、研究に参加し続けた。

ベイカーらはパートナーとのセックス、またはマスターベーションにおいて放出された精液をコンドームに回収。放出された精子の数を調べた。といっても数千万から数億にも達する精子の数をすべて数えるわけではない。

何回も何回も希釈《きしゃく》を繰り返し、最終的に顕微鏡下で精子の数をカウントできるまで薄める。その数に何倍に希釈したかの数をかけて放出された精子数を逆算するのである。

ともかくそうすると、セックスで放出される精子の数は、まず前回のセックスからどれくらいの日数がたっているかによって違った。

それはそうだろう、精子はたまるのだから。けれども、前回からの日数よりももっとクリアな相関を示すものがあった。前回からいかに相手をガードしていたか、その割合だ（いかにガードしていたかはマスターベーションの場合には関係ない）。

たとえば前回のセックスから、パートナーと一〇〇％いっしょに過ごしていると、放出される精子はせいぜい二億止まり。五千万という例すらあった。

これがパートナーといっしょに過ごした時間が五〇％くらいだと、三億から五億。いっしょに過ごした時間が一〇％にも満たないとなると、さあ大変。放出される精子は最低でも四億五千万、最高で六億五千万近くにまで上った。べったりいっしょにいた場合の三倍くらいになる。

ちなみにこれはイギリス人の話で、彼らは我々モンゴロイドの倍くらいの大きさの睾丸を持っているので精子製造能力がはるかに高いということをお忘れなく。

もしモンゴロイドの男がコーカソイドの男と、一人の女の卵子を受精させる競争をしたなら、まず負けると考えていいだろう。もちろん個体差はあるので、コーカソイドの男よりも睾丸が大きく、精子製造能力の高いモンゴロイドの男もいるのだが。

さて、そうすると浮気の場合にはどうなるだろう。

浮気とは、この研究の観点からすると、ほとんどガードしていなかった相手とセックスするという意味である。当然、ものすごく多い数の精子が放出されるだろうと予想される。しかし人間でこのような研究をするのは、まず無理だ。

そこでベイカーらはラットを使った。ラットのオスとメスを間に仕切りを入れたケージで飼育し、メスが発情したところで同居させるか、まったく別のケージで飼育し、やはりメスが発情したところで同居させるかだ。前者がガードしていたメスと交尾することを意味し、後者はガードしていなかったメスと交尾すること、つまりは浮気を意味する。

こうして交尾させた後、申し訳ないがメスに麻酔をして解剖し、生殖器のどこにどれくらいの精子が存在しているのかを調べる。すると浮気の場合のほうが、精子の数自体が多い。そして生殖器のより深い部分にまで到達していた。つまりは精子が泳ぐ速度が速いなど、質も良いのである。

ベイカーらはその後、人間の浮気の際の精子を調べている。いったいどうやって調べたのかと思ったら、こんな方法だった。

毎年、夏になるとベイカーらの所属するマンチェスター大学の生物学専攻の学生たちは、スペインの地中海沿いの寒村で合宿し、実習を行った。ちなみに、私も和歌山県白浜にある京都大学の生物学研究所で実習をした経験がある。二週間のうちにウニの発生の観察をし、船で沖に出て実習を積んだ。

白浜の生物学研究所にはちゃんとした建物があったが、ベイカーらが訪れたスペインの寒村には小さなコテージが一つあるだけ。ほとんどの学生はテント生活を送る。そこで浮気が頻発。イギリスに彼氏、彼女を残してきた三人に一人は浮気するという。ベイカーはこうして浮気のサンプルを集めた。その結果、浮気のときには精子は少数精鋭部隊となることを突き止めたのである。

しかし、いくら何でもこれは職権乱用ではないか。単位をエサにしたパワハラ、セクハラ、アカハラとも考えられる。

ベイカーが大学を去り、文筆や講演に活躍の場を移したのは、この研究ののちである。

仲の良い夫婦が顔まで似ている理由

仲の良い夫婦は顔まで似てくる、とよく言われる。この件について私はぜひ言いたいことがある。

夫婦になったから似てくるのではない。彼らはもともと似ていた。だから、ひかれ合って夫婦になったのだ。さらには、いっしょに暮らすうちに、表情や動作などを互いにまねし合うようになる。だからますます似てくる。このように似たもの同士がひかれ合う現象を「アソータティヴ・メイティング（同類交配）」という。

アソータティヴ・メイティングの研究はまず、植物でなされている。牧草地などに生えている、ヒエンソウだ。

ある人が、花からいろいろな距離にある花粉をつけてみたところ、最もよく実をつけたのは、一～十メートルのところにある花粉だった。植物は物理的な距離が血縁の近さに対応する。この結果は、血縁が近すぎず、遠すぎず、適度に近い花粉だとよく実を結ぶという意味なのだ。

同じような研究は鳥のウズラでもなされた。ある個体の、同時に生まれたキョウダイ、両親はいっしょだが同時には生まれていないキョウダイ、イトコ、またイトコの子など、いろいろな血縁の近さの個体（異性）がいるケージを順々に見ていくことのできる装置をつくる。どの個体に関心があるかは、ケージの前に滞在した時間によって測る。そうすると、オスの場合も、メスの場合も、イトコくらいの血縁者に最も興味を示した。近すぎず、遠すぎずの存在なのだ。

人間では夫婦のソックリ度が調べられたことがある。夫婦の身体的特徴を比較すると、様々な部分が似ており、一番似ていたのは中指の長さだった。といっても、絶対的な長さではなく、たとえば夫の中指が、男として平均よりもやや長いとすると、妻の中指も女の平均よりもやや長い、といったことである。

お付き合いしている学生のカップルにアンケートをとった研究もある。すると、付き合いがより長く続いているカップルのほうが、そうでないカップルよりも、アメリカの大学進学適性試験（ＳＡＴ）の成績、一夜限りの関係を良しとするかどうかなど、学力やものの考え方がよく一致したのである。人間で似るのは、身体的なものだけではなかったのだ。では、人間ではどれくらい似ているのを良しとするのだろう。

この件についてはコンピューター・グラフィックを駆使した研究がなされている。ノルウェー・オスロ大学のブルーノ・ランは、〝Is Beauty in the Face of Beholder?〟（美は見る者の顔にある？）と題した論文でこんな結果を示した。

異性の顔に、自身の顔の要素がそれぞれ一一％、二二％、三三％入っている顔をつくる。いったいどのくらい自分の要素が入っている顔を魅力的かと問うと、二二％が突出して魅力的だという答えが返ってきた。一一％では要素が足りず、三三％では要素が入りすぎで、どちらも低評価だったのだ。

このようにある程度自分に似ていることは重要だが、さりとて似すぎはだめという現象の裏にあるものは何だろう。後者については近親交配を防ぐという意味があるだろう。そして前者の「ある程度似ている」というのは、すでに個々の個体が持っている戦略を子孫に確実に受け継がせるという意味だ。

アイルランド出身で、イギリスの脚本家にして文学者、社会思想家でもあるバーナード・ショーには有名な逸話がある。

ある美人女優が、「あなたの知性と私の美貌を兼ね備えた子どもが生まれたなら、どんなに素敵なことでしょう」と言うと、彼はこう答えた。

「あんたの頭と俺の面《ツラ》の子が生まれたらどうするんだ」

あまりにも傾向が違う者同士がつがうと、両者の良い面を備えた素晴らしい子も生まれるが、両者の悪い面を備えた子も生まれる。しかし美人は美男と、知的な男は知的な女と、というつがい方をすると両親の良い面、というか戦略を受け継いだ子が生まれやすい。

似たものがひかれ合うという、アソータティヴ・メイティングは、自分たちの戦略を確実に受け継いだ子を得るための性質なのだ。

今ではもう見られなくなった、いわゆる「世話焼きおよね」こと、見合いのセッティングを趣味とするお婆さんは、両家の家柄、知的水準、経済的水準、宗派などのつり合いという外堀を埋めたうえで男女をひき合わせる。

およね婆さんこそ、アソータティヴ・メイティングの達人だったのである。

米山氏と室井氏は〝似たもの夫婦〟の代表

「アソータティヴ・メイティング」の好例というべきカップルが誕生した。元新潟県知事の米山隆一氏と、作家でテレビコメンテーターの室井佑月氏の結婚である。このお二人は物の考え方がとてもよく似ている。

そもそもお二人を引き合わせたのが、元経産官僚で政治経済評論家の古賀茂明氏。テレ朝のニュース番組で「I am not Abe」と書いたフリップを掲げた筋金入りの「反安倍」知識人だ。そして室井氏はＴＢＳの番組の常連であり、安倍前首相を批判し続けていた。憲法改正にも疑問を呈しているという。米山氏は必ずしも反安倍ではないというが、テレビで室井氏が歯に衣きせぬ言い方でコメントするさまを見てほれ込んだというから、物の考え方は似ているのだろう。

では学力はどうかと言うと、米山氏は灘高から東大理Ⅲという超エリートコースをたどり、医学博士であるうえに弁護士資格まで有するという。かたや室井氏の学歴については情報がない。けれども読者による文学コンテストで入選し、作家デビューをはたしたほどなので、そのあたりもお似合いなのであろう。

私がお二人の顔写真を眺め、「ああ、これは」と思ったのは、笑い方である。口を全開にし、歯も歯茎も隠すことのない、ガハハ笑いだ。そんなことにどんな意味があるのかと思われるかもしれないが、私は夫婦が長続きするかどうかという問題は結構、こんな微細な部分にあることを経験的に知っている。

かつて女性週刊誌の表紙を、まだお付き合いの段階のキムタクと工藤静香さんが飾ったことがあったが、笑い方がびっくりするほど似ていた。この二人はたぶん大丈夫だろうと思ったら、その通り。不仲説はまったく聞かれない。

そのようなわけで、米山、室井のカップルは大変お似合い。まさにアソータティヴ・メイティングを体現したお二人だと思う。

男の浮気と女の浮気、アンジャッシュ渡部の場合は……

お笑いコンビ、アンジャッシュの渡部建さんの浮気問題について、ここはやはり一言述べなければならないだろう。

私は数年前に彼がパーソナリティーを務めるＪ－ＷＡＶＥの番組に出演した。その時の印象はずばり、「これは、モテる」。具体的に説明するのは難しいのだが、お笑い芸人に独特の、キモさとか、女に笑われてなんぼ的感覚がまったくない。さわやかで、若々しく、ごく普通の家庭で伸び伸びと育ったであろう好青年感が漂う。

そして、ここがモテるための最大のポイントだと思うのだが、イケメンすぎない、ちょうどよい加減のイケメンなのである。

その後、彼はグルメ評論家として名を馳せ、いくつものレギュラー番組を持ち、はっきりと売れっ子の仲間入りを果たした。そうして二〇一七年、佐々木希《のぞみ》さんと結婚して、多くの男を悔しがらせたわけだが、それはモテない男が抱く嫉妬だ。

モテ男であり、仕事も極めて順調な渡部建さんと、女優としての演技力が壊滅的でモデルとしてもギリギリだが、かわいいことだけは誰にも負けない佐々木希さんとの結婚は、とてもお似合いだと私には映ったのだ。

さらにユーチューバーのＫ氏はツイッターで「あんなに可愛い奥さんがいても男の欲

望はとまらないんだな」という主旨のつぶやきをしていたが、それはもし自分が、あんな可愛い女性を奥さんにすることができたら、奥さんを裏切るようなことはしないだろうという話。モテ男の浮気に、奥さんがどういう女性であるかは関係ない。ただし奥さんが浮気するかどうかは、ダンナ次第である。

まずはツバメの話から。

前述したが、ツバメのオスがモテるかどうかは、ひたすら尾羽の長さによる。この尾羽とは、一番外側にあってひときわ長く伸びた、針金のような部分のことを言う。A・P・メラーという鳥の大御所学者は、ツバメのオスの尾羽の途中から二センチ切り取り、残りを接着剤でくっつけて非常に短くしたグループ、切れ目を入れるが、入れるだけですぐまたくっつける(長さは変わらないが、切り取るということをして他と同じ条件にするための操作)グループ、切れ目を入れ、最初のグループから切り取った二センチを間に入れて接着剤でくっつけ、非常に長くしたグループをつくった。

もちろん長いほうがモテるので、相手の見つかりやすさもこの順になった。問題は、相手が見つかったあとだ。

オスは自分の尾羽の長さに関係なく、皆、浮気に意欲を燃やす。ところがメスは、ダンナがどういうオスであるかによって浮気に対する態度が違う。

長い尾羽のオスをダンナにしているメスは、どんな尾羽の長さのオスがやってきても浮気に応じない。中くらいの尾羽のオスをダンナにしているメスは、尾羽の長いオスがやってきたとき限定で、数回に一回くらい浮気する。ところが尾羽の短いオスをダンナにしているメスは、尾羽が長いオスがやってきたらチャンスを逃さず、必ず浮気した。

尾羽の長いオスをダンナにしているメスは、もうそれで十分。わざわざ浮気というリスクを冒してまで尾羽の長いオスの持つ、優れた遺伝子を取り入れる必要はない。浮気には、バレた場合につがいの関係にヒビが入るなどのリスクがあるのだ。

しかしダンナの尾羽が長くなく、魅力に欠ける場合には浮気のリスクを冒してでも尾羽の長いオスが持つ、優れた遺伝子を取り入れるべきなのだ。

尾羽が長いことがどうして優れた遺伝子を持っていることを意味するのかは、メラーの行った、ダニを大量に投入する研究で明らかになった。つまり、尾羽が長いのは、免疫力が高いことの証だったのである。

さて、人間の男の魅力はツバメのように一つではないし、なかなか数値として表せるようなものでもない。しかし収入のレヴェルなら、魅力の指標となるだろう。そこでこんな研究がある。

それはまだDNA鑑定が一般的になる前の調査で、ABO式血液型を手掛かりに、家庭内に明らかに夫の子ではない子が紛れ込んでいる確率を割り出すこと。今の表現でいえば〝托卵《たくらん》〟されている子がいる確率だ。

それによると、ロンドンの郊外の一戸建てという比較的裕福な住宅環境では五・九％に留まったが、低所得者用高層アパートでは二〇～三〇％にものぼった。五・九％も驚きだが、二〇～三〇％にはもはや唖然とするしかない。

日本でも傾向は同じだろうが、これほど高い確率では存在しないと考えられる。なぜかというと、浮気のときのように、卵の受精を巡って複数の男の精子が争うという状況がコーカソイドほど激しくないということが、睾丸の大きさから推定されるからだ。

ともあれ、渡部建さんが浮気に精を出すのは、男として当然。モテ男であれば、ますます意欲を燃やすはず。それは奥さんがどういう女性であるかは関係ないのだ。そしてモテ男をダンナとする奥さんは、わざわざ浮気というリスクは冒さないだろう。

渡部さんは、ケチらず、もっと粋に遊ぶべきだった。それなら相手の女性に告発などされなかっただろうに。

妻が浮気しないと父親になれない男がいる

妻が浮気しないと、わが子を得られない男がいる。

こんなことを言うと、頭の中に「?マーク」が点灯しまくりだろう。そもそも単に卵(卵子)を受精させるためなら、精子はそう多くは必要ない。なのに、それ以上の精子が放出されるのは、他の男の精子と、卵の受精を巡る競争、つまり「精子競争」が起こる場合が稀にあるからだ。

精子競争というと、あたかもすべての精子が「よーい、ドン」の号令のもと、卵に向かって一目散に走り出し、最初に到達した精子が受精できるかのような印象があるが、そうではない(私がYouTubeで見た、「精子競争　sperm competition」という動画には、まさにこのような単なる徒競走のような様子が描かれていた)。

イギリスのロビン・ベイカーによれば、精子競争というよりは精子戦争であり、精子には卵の受精役の「エッグ・ゲッター」と、他の男の精子を頭突きや化学物質を放って殺す役の「キラー」、他の男の精子の行く手を阻《はば》む役の「ブロッカー」があるという。

エッグ・ゲッターはそう数は多くなく、数百くらい。キラーとブロッカーは大変数が多く、ブロッカーは老いた精子であり、互いの尻尾を絡ませてネット状となって行く手を阻むという。

問題の「妻が浮気しないと、わが子を得られない男」とは、常に精子競争が起きること、つまり精子に犠牲者が出ることを織り込み、極めて大量の精子という兵士を送り込んでいる男という意味だ。

しかし妻が浮気をしていないとなると、精子競争は起きない。それでいいのではないかと思われるかもしれないが、こういう男にとっては、精子競争が起こらないとまずいことがある。精子競争による犠牲者が出ないので、極めて大量の精子が卵を取り囲む。そもそも精子は卵の壁を突き破るために、まずはある程度の数の精子が取り囲み、化学物質を放って弱らせる必要がある。

ところが、常に精子競争が起きるという前提の男の場合には、精子競争が起きないと、その多すぎる精子によって、卵を必要以上に弱らせてしまうのだ。よって卵がうまく受精してくれないことになる。実は、こういう事情から不妊となることもあるのである。

こういう〝事実〟を知っているのか、経験的に思いついたのかはわからないが、今から二十年以上も前にそのようなドラマがあった。一九九七年の『ミセスシンデレラ』というドラマで、薬師丸ひろ子が演ずる平凡な主婦は、結婚六年目にしていまだ子を授からず、姑や小姑に嫌味を言われる日々を送っていた。夫役は杉本哲太だ。

彼女はあるとき内野聖陽《うちのせいよう》演ずる若き音楽家と知り合い、互いにひかれ合うようになる。そうして妊娠してしまうのだが、何とそれは六年もの間、子ができなかった夫の子であった。めでたしめでたし、というストーリーだ。

脚本は浅野妙子さんと尾崎将也さんで、尾崎さんといえば、後に『結婚できない男』（二〇〇六）という傑作ドラマを書いた方。実在の人物から徹底して取材したうえで脚本を書かれるらしいから、このドラマにも実話の部分が多いのではないかと思う。

とにかく〝杉本哲太氏〟は妻である〝薬師丸ひろ子さん〟が浮気し、〝内野聖陽氏〟との精子競争を行った結果、ようやく適度な数の精子を送り込み、卵を受精させることに成功したというわけである。

私はこのとき、同時にこんなことも考えた。豊臣秀吉だ。彼は正妻のねねの他に何十人もの側室を持ちながら、子に恵まれなかった。晩年に淀殿とのあいだに初めて二人の息子（長男は夭折）をもうけた。淀殿の浮気による子であり、秀吉の子ではない、とよく言われるが、彼がもし、精子競争が起きて初めて自身の子が生まれるほどに精子が多く発せられる男であるのなら、こう説明がつくだろう。

若い頃は精子を多く出しすぎていた。しかし年をとったことで、放出される精子の数が減ってきた。そこでようやく卵をひどく弱らせることがなくなり、子ができた、と。

豊臣秀吉にはもう一つ、気になる点がある。ポルトガルの宣教師、ルイス・フロイスの記述による、六本指説だ。右手の親指が一本多いというのである。

こういうことは稀にあり、多指症《たししょう》と呼ばれる。そして指は生殖器と同じ遺伝子たちによって形づくられるので、指の不具合は生殖器の不具合を反映する。すると、秀吉は精子がうまくつくれないなど何らかの不妊の問題を抱えていたことになる。

こちらの説に従えば、淀殿浮気説が有力になるだろう。

女房・子どもを泣かせても大物狙いをやめないアチェ族の男

南米にはアチェ族という、今も狩猟採集生活を送っている部族がいる。狩猟採集生活というのは、男が集団で狩りに出かけ、女はすまいの近所で植物などを集める生活で、人間が本格的な農業を始めるまで数百万年という長きにわたって行われていた。人間の心理のほとんどは、この狩猟採集時代に進化したと考えられている。

ちなみに農業がいつ、どこで始まったかというと決まって登場するのは約一万年前のメソポタミア地方である。しかし、これは大規模な施設を備えた農業であり、そのような施設があったからこそ、遺跡として発見されただけの話。

それ以前に行われていたであろう、遺跡として残らないような形の農業は無視されている。結局、農業は狩猟採集生活のかたわら、今でいう家庭菜園のような形で始まった。それは今から数万年前だろうというのが今日の見方である。

また、農業はいったん始めると後にはひけなくなる。農業をすることによって人口が増えるが、人口が増えることによって農業の規模を拡大しなければならない。するとまた人口が増え……と拡大の道しかなく、人々は農業のために長く、つらい作業を強いられ、腰や関節を痛めることになる。さらには人口が密集することで伝染病の脅威にもさらされやすくなる。

ところが狩猟採集生活では労働時間がわずか二～三時間で事足りる。長く、つらい労働ではないので、人々は体を痛めることはないし、人口は密集しておらず、伝染病の脅威にもほとんどさらされないのである。人間は狩猟採集時代のほうが、よほど幸せだったのではないだろうか。

ちなみに、我々ホモ・サピエンスとネアンデルタール人は、アフリカから出たあと、ヨーロッパでしばらく共存し、交配もしたことが最近になってわかったが（コーカソイドとモンゴロイドならネアンデルタール人の遺伝子を二～三％程度持っている）、ネアンデルタール人が滅び、我々が残るという運命を分けたものは、かたわらで農業を始めたかどうかによるという。ネアンデルタール人は狩猟採集生活しか行わなかったのだ。

そうすると、我々は狩猟採集生活にこだわらず、農業も始めたからこそ生き残ることができたが、同時につらい作業を強いられることになったと言える。なんとも皮肉だ。

さて、ようやく本題に入る。狩猟採集民、アチェ族の男たちは各々、狩りでは常に大物を狙う。もちろん、仕留めるのは大物であればあるほど難しい。小物ならほぼ確実に仕留められ、女房、子どもの腹を満たすことができるというのに、大物を狙うのだ。

当然というべきか、ほとんどの場合手ぶらで戻り、女房からは説教をくらう。女房、子どもにひもじい思いをさせ、説教までくらうというのに、なぜ大物を狙うことをやめないのだろうか？　それは、大物を仕留めると、まずは部族内でヒーローとなれるからだ。

そしてもう一つには、大物は家族だけでは食べきれないので、ご近所へ配ることになるという理由がある。ご近所へ配るとどうなるか？

肉を受け取った近所の奥さんが、お礼の意味と、大物を仕留められるというその男の狩りの能力を評価し、セックスに応じてくれるからである。

アチェ族の男は、日常的に女房、子どもの腹を満たすことよりも、近所の奥さんとのセックスを優先させているというわけなのである。

無意識にいくらでもうそをつく女、恐るべし

自民党の杉田水脈《みお》衆議院議員が、性犯罪の被害についての議論の中で「女はいくらでもうそをつけますから」と発言したというので、批判を浴びた。自民党の内輪の集まりでの発言であるとされ、杉田氏本人は否定している（しかも、よくある切り取り発言である）。

しかし、「女はいくらでもうそをつける」は、概《おおむ》ね本当。「女はうそをつくのがうまい」というのも本当だ。

私の経験によれば、天才的なうそつき女もいれば、うそをつくのがあまりうまくない女もいるが、後者の場合でも、普通の男よりはうまいという印象だ。

実は、私の父は電気技術者で、年が大きく離れた三人の兄も国立大学の理系学部出身。エンジニアや理系の学者、高校の数学の先生という理系男に囲まれて育ったし、自分も理学部だったため、よくわかるのだが、彼ら理系男の特徴として、うそがつけない、バカ正直というものがある。

だから理系の私も、女にしてはうそをつかないほうだし、つくのも下手だと思うのだが、それでも普通の男よりはうまくつけるという自負がある。

なぜ女はいくらでもうそがつけ、しかもうそをつくのがうまいのか。それは、その前提となる能力を必要上、持ち合わせるからだ。

男と女の繁殖についての違い。その最大のものは、男は一度射精したなら、次の繁殖のチャンスは精子が回復したとき。つまり数時間後とか次の日というように、すぐに巡ってくる。チャンスをものにできるかどうかは別として、チャンスだけはいくらでもある。

それに対して、女は一度妊娠したら、出産、授乳、その後の子育てとスケジュールは目白押し。次に繁殖のチャンスが巡ってくるのは、数年先ということになる。よって同じ産むなら、できるだけ質の良い男の子どもを産みたいと、相手を厳しくチェックする。女のほうが男よりもあらゆる感覚が優れているのは、一つにはこういう事情があるからだ。

ちなみに排卵期にはより質の良い男を、ちゃんと質が良いと見なせるという研究がいくつもある。私自身も、排卵期には音や匂いなどの感覚がより研ぎ澄まされるということを経験的に知っている（カラオケの点数が高く出るとか、楽器の演奏がうまくできる）。大事な排卵期こそ男の質をしっかり見抜く必要があるからだ。

ともあれ、そうして男選びをするわけだが、すべての女が満足のいく相手と結婚できるわけではない。どこかで妥協して結婚する。それでも女は質の良い男を追求することをあきらめない。浮気という手段によって、ダンナよりも質の良い男の遺伝子のみを取り入れ、ダンナを騙して育てさせるという戦略に出るのだ。

そのとき、無意識のうちに排卵期のより受精の確率の高い日に浮気相手と交わり、ダンナには確率の低い日を提供するという離れ業《わざ》をやってのける。こういうことは意識してしまったら、なかなかできないだろう。できたとしても、罪の意識を抱いてしまう。

結果、それは挙動のおかしさとして現れ、ダンナに気づかれることとなる。

だから女には、自分がやっていることを意識できない能力、自覚できない能力がどうしても必要なのである。「女はいくらでもうそがつける」も「女はうそをつくのがうまい」も、この、自分でしていることが自覚できない能力に基づくものだろう。うそをついている自覚がなければ、いくらでもうそをつけるし、うそをついている自覚がないのだから、挙動不審にもならず、見破られにくい。つまり、うそをつくのがうまいのだ。

女が排卵期に浮気してできる子は、イギリスのロビン・ベイカーの推測によると、九対一で浮気相手に有利であるという。女が浮気相手により受精の確率の高い日を提供することに加え、相手はダンナよりも質の良い男。質の良さの中には精子の質の良さも含まれるからである。

さらには、女は質の良い相手に対しては、精液をよく吸い上げるタイプのオルガスムスを起こしやすいこともわかっている。男の射精よりも前のオルガスムスは、女の生殖器内に粘液を大量に分泌して、精液をブロックしてしまうが、同時か後のオルガスムスは逆に精液を強力に吸い上げるからだ。

この件についてはベイカーが仮説を提出し、ガガンボモドキの研究で有名な、アメリカのＲ・ソーンヒルが実証している。

恐るべし、女。

デスクに向かって動画ばかり観ていると精子の質が落ちる

精子の数や質がここ数十年間に低下してきている。それは世界的な現象で、しかも欧米に遅れてアフリカ諸国でも起きている。となれば、それは何か文明に関わる現象ということになるだろう。

精子減少についてはいくつもの要因が指摘されているが、デスクワークと運動という観点から研究したのは米ハーバードスクール、パブリックヘルス部門のＡ・Ｊ・ガスキンスらで、二〇一五年のことだ。

被験者となったのはニューヨーク州のロチェスター大学の男子学生で、キャンパス内でチラシなどを配布して集めた。そして過去三カ月以内に、汗をかくような中程度から激しい運動を週に何時間くらいしているか、またテレビやビデオ・DVDなどの動画を見ているか、詳しい情報がわかっている百八十九人について精子の濃度や運動性、正常な形の精子の割合を調べたのだ。なぜ動画の視聴と汗の出るほどの運動かというと、前者は座って視聴するので、いかにデスクワークをしているかの指標となるからだ。学生なのでまだ就職しておらず、動画視聴をデスクワークの目安としたわけである。

じっと座っていると、睾丸の温度が上がり、精子の数や質が悪化すると考えられる。実は人間の睾丸が体の外にあるのは、冷蔵保存し、精子を長持ちさせるためなのである。それなのにじっと座って作業などをしていると、睾丸の温度が上がり、精子がダメージを受けるというわけだ。

汗をかくような運動を問題にするのは、運動していないと活性酸素が増えて、酸化ストレスのレヴェルが上がり、これが男性不妊の原因となるからである。

ともかく、週にどれほど汗をかくほどの運動をするかについて四つのグループに分けてみると、最もよく運動する上位四分の一のグループ（週に十五時間以上）は、最も運動しない下位四分の一（週に〇〜四・五時間）に比べ、精子の濃度が七三％も高かった。

そして動画鑑賞と精子の濃度とはこれとは逆の関係で、動画を最もよく見る上位四分の一（週に十五時間以上）は、最も見ない下位四分の一（週に〇～四・五時間）よりも精子の濃度が四四％低かった。

汗をかくような運動をよくしていると精子の濃度が高く、動画をよく見ていると精子の濃度が低い傾向があるわけである。ちなみに精子の運動性と正常な形の精子の割合については差が現れなかった。

ここで一つ疑問となるのは、よく運動をする男は、そもそもモテるタイプであり、よく動画を見るのはオタク系のモテない男というだけで、モテる前者が精子の濃度が高く、モテない後者が精子の濃度が低いだけの話ではないかということだ。実際、顔の良い男は精子の質がいい、という研究がある。女は、男の顔の良さから、精子の質の良い、つまりは生殖能力の高い男を選んでいるのだ。

しかしながらこの研究で、動画視聴の時間を週に十四時間以上と十四時間以内のグループに分けてみると、何とよく動画を見ている前者のほうで運動との相関が現れ、後者では運動との相関が現れなかった。つまり、動画をよく見るオタク系でも、そこそこ運動するなら必ずしも精子の濃度が低いわけではない。

そして最も精子の濃度が低かったのは、動画を週十四時間以上見て、なおかつ汗の出るような運動をほとんどしない（週に〇～四・五時間）男のグループだったのである。デスクワークをすることは仕方ないけれど、時には汗をかくくらいの激しい運動をしてみてはいかが。

ただし、激しすぎる運動は逆効果で、長距離ランナーやサイクリストでは男性ホルモンの代表格であるテストステロンのレヴェルが下がり、精子の質が落ちるとのこと。ご用心を！

夫のマスターベーションは子づくりに効果バツグン

最近、不妊のカップルがとても増えている。

男性も女性も、初婚年齢が高くなってきているので、当然と言えば当然である。しかし、高齢だから不妊なんだ、と単純に考え、不妊の検査や治療に向かう前に、ちょっと立ち止まってほしい。

特に男性のほうがとても紳士で、教養もある方だと、不妊ではないのに、あたかも不妊であるかのような状況に陥っていることが多いのだ。

いきなりだが、そもそもマスターベーションとは、どういう行為かご存じだろうか？　多くの人は性欲の解消のためだと考えるだろう。ところが、霊長類学の祖と言われるアメリカのC・R・カーペンターはそうではないという。

彼がアカゲザルの群れを観察していたら、順位が高く、メスとよく交尾できるオスのほうがむしろよくマスターベーションをすることがわかったからである。性欲解消が目的なら、交尾のチャンスの少ない順位の低いオスのほうがよくするはずだ。そこでカーペンターは、マスターベーションとは交尾のための準備ではないかと結論した。

でも、どうしてそれが準備になるのだろう？

この件についてはイギリスのロビン・ベイカーが解説している。彼によれば、マスターベーションとは古い精子を放出し、発射最前線を新しくて活きのいい精子に置き換える作業である、と。アカゲザルの順位が高く、メスとよく交尾できるオスはこのような準備作業をしていたわけだ。もちろん人間とて同じことだろう。男は交尾の準備としてマスターベーションするはずなのである。ところが、育ちがよくて紳士、教養もある男には妙なブレーキがかかってしまう。

「妻がいるのに、マスターベーションしてもいいのだろうか。妻に失礼ではないのか」

かくして毎回、古くて活きの悪い精子ばかりを放出する。よって、いつまでたっても子ができないという次第。

この話を、のちに『BC! な話　あなたの知らない精子競争』となる本の担当編集者にしたところ、彼はさっそく行動に移した。なかなか子ができなくて困っている会社の後輩、三人に耳打ちをしたのである。

「いいか、奥さんと子づくりのセックスをする二日前に、まずマスターベーションをしろ」

この囁《ささや》きから、おそらく二～三カ月のうちに三組とも子づくりに成功したらしい。約一年後に私が担当編集者に原稿を渡したとき、三組ともすでに子が生まれて大わらわであることがわかったからである。また、つい最近ではツイッターで、「かつて先生の本を読んでまわりに知らせたら、あっちでもこっちでも出産ラッシュになりました。その節はありがとうございました」との報告を受けた。

とにかく、このように、こと繁殖においては理性を働かせるのはご法度《はっと》である。ひたすらアホになり、何にも考えず、やりたいようにやる。そうすれば、自ずと道が開けてくるのである。

第4章　わが国に迫るもう一つの危機
――皇室問題の国民的議論を

妻を取られないよう連帯するトカゲは左翼男にさも似たり

左翼の主張の中心をなすのは、「平等」である。

この一見、何ら反論の余地がないかのようなポリティカル・コレクトネス（略称ポリコレ。政治的に正しく、公正、中立であること）だが、人間も含めた動物の世界で平等ほど厄介なものはない。

平等で順位がないと、「犯罪」が多発することは、マダラニワシドリで見られる（第7章、二〇九頁参照）。他の動物でもその原則に変わりはない。それなのになぜ左翼、特に男は平等を声高に主張するのだろう。私が見るところ、彼らの言う「平等」とは、どう考えても自分にも平等に女を与えよ、という意味である。モテない自分にも女を回せ、と。

さらに左翼男の特徴として、互いに連携し、声が大きいということがあり、それらのしつこさによって、いろいろな組織を乗っ取ろうとする傾向がある。

実を言うと、一九八二年に、京都大学理学部の日高敏隆先生（私の恩師である）とその弟子たちが尽力し、「日本動物行動学会」を設立したのだが、いつの間にか〝日本型リベラル〟の連中に乗っ取られてしまった。

日本型リベラルとは、共産主義が失敗に終わったことが判明した今でも、その思想にしがみつき、思想のためなら捏造《ねつぞう》、改竄《かいざん》、隠蔽《いんぺい》、研究妨害もいとわない人々。「日本型」と称せられるように日本に独特である。

日本型リベラルは間違いなく左翼の一部である。政治の世界や文系の研究分野ではよく知られているが、理系分野にも存在するのである。

「日本動物行動学会」も、やたら声が大きく、発言も活発で、実にしつこく、連帯を旨とする学会内の日本型リベラルに乗っ取られてしまったというわけなのだ。

こういう左翼男のモデル、あるいはルーツとなるような動物がいないものか、と探していたら、これだと思うものに行きついた。

それは、サイド・ブロッチド・リザードという、アメリカ西海岸の半砂漠地帯にすむトカゲである。

彼らの一番の特徴は、その名が示す、体の脇に班紋があることではなく、オスが三つの繁殖戦略を持ち、それぞれをオス自身が体の色によってアピールするということだ。

オスの繁殖戦略が二種類という例は結構あるが、三種類というのはこれが初めての例だ。オスには三種類がある。体が大きく、喉の色がオレンジのオス、体は普通だが、喉の色がブルーのオス、体が小さく、喉の色がイエローのオス、の三種類だ。最後のオスは実はメスに擬態している。

オレンジは大きな縄張りを構え、メスも多数確保して一夫多妻制をとる。ブルーは縄張りを構えるものの大きくはなく、妻も一人。一夫一妻だ。そしてイエローはというと、縄張りを持たず、妻も確保していない、独身オスだ。

そうすると、オレンジはブルーに戦略的に勝っていると言える。妻を一人しか持たないブルーに対し、複数確保しているからだ。ブルーも一人も妻のいないイエローには勝っている。

しかしイエローは、多数の妻がいてそれぞれのガードが甘いオレンジの隙をつくことはできる。しかもメスに擬態しているので、ますますその戦略は有効となる。

こうして、オレンジ、ブルー、イエローはジャンケンのように循環する関係となり、年によってどれが優勢であるかの変動はあるものの、長い目で見れば、それぞれが栄枯《えいこ》盛衰《せいすい》を繰り返してきているし、これからもそうであろうと推測されているのである。

実は、三つの戦略は三つ巴ではあるものの、男性ホルモンの代表格であるテストステロンのレヴェルには違いがある。高い順に、オレンジ、イエロー、ブルーだ。よって魅力的なのもその順で、実はブルーのオスが最も魅力に欠けるというわけだ。

確かにオレンジオスはハレムを構えるし、イエローオスはメスのふりして間男をする（ジャニーズ系の色男？）。どちらも華やかで面白みがある。

一夫一妻のブルーオスは、この中では一番地味で面白みに欠けると言えるのではないだろうか。私がハッとしたのは、ブルーのオスたちはイエローのオスたちに妻を寝取られないよう、互いに連携し、防衛しているということである。一番魅力に欠け、面白みのない連中が〝連携〟して自らの戦略がおかされないようにしているのだ。

あれっ、どこかで見たような……。

生物戦略的な先進国の少子化を回避する知恵

少子化の問題が叫ばれて久しい。二〇一九年の日本の出生率（合計特殊出生率、女が生涯に産む子の数の平均）は一・三六にすぎず、二〇〇五年の一・二六という最低値からは上昇してきたものの、依然として低い値だ。

ちなみに人口の維持のためには出生率は二・〇八もの値が必要だという。なぜ日本のような先進国で出生率が下がり、少子化が起こるのか。

そもそも子の産み方には二種類の戦略がある。「ｒ戦略」と「Ｋ戦略」だ。

ｒ戦略は質より数の戦略。不安定な条件下で真価を発揮する。食べものにありつけるかどうか、気候の変動、伝染病の流行、捕食者の脅威が大きいなど。つまりは子が育ちにくくほとんど死んでしまうので多めに産むが、世話をしても報われないことが多いので、あまり世話をしないか、産みっぱなしにする。代表格が魚や昆虫だ。

ちなみにマンボウは三億個の卵を産むとされ、ｒ戦略の代表のように思われている。しかしこの値は、マンボウの卵巣を調べたら、これくらいの未成熟卵が見つかったという一九二一年の『ネイチャー』の論文によるもので、一回にこれほど産むわけではない。ただ、それがｒ戦略であることは間違いない。

Ｋ戦略は数より質の戦略だ。安定した条件下で真価を発揮する。食料が安定して入手できる、気候も安定、捕食者も少ない、伝染病の脅威もわずか。子どもが死ぬ恐れもあまりなく、かなり確実に育つので、たくさんは産まず、しっかり世話をして育てる。鳥や哺乳類がその代表例だが、中でも霊長類は特にK戦略的だ。

チンパンジーでは、メスは十六歳くらいで初の出産をする。それからおよそ四年も授乳し続け、五～六年間隔で子を産む。寿命は四十～五十歳なので最大でも五頭くらいしか産めない。

人間も極めてK戦略的だ。授乳期間はチンパンジーほど長くはないが、子をしつけ、教育するという期間が長い。確かにチンパンジーも子をしつけ、教育するし、その他の動物でも似たような行為を行うが、人間は教育にかける期間が長いうえに、注ぐエネルギーの程度が際立っているのだ。

そしてここが肝心なのだが、人間でも、時代や地域、経済的水準などによってｒに傾くこともあれば、Ｋに傾くこともあるということだ。

現在の世界の国々のうち、高い出生率を保っているのはアフリカ諸国である。二〇一八年の値だが、最も高いのはニジェールで六・九一、次がソマリアで六・〇七。最も低いケニアでも三・四九である。

それは、高温多湿の気候であるアフリカでは常に伝染病の脅威があり、子が生まれても死ぬ確率が高い。医療も未発達なため、余計に子が死にやすい。だから、多めに産む必要があるからなのだ。

一方、先進国と呼ばれる国々では軒並み出生率が低下してきている。それはアフリカのようには伝染病の脅威が大きくなく、また医療も発達しているので、子が生まれればまず間違いなく育つ。だから無闇に産む必要がないからである。

このように先進国で出生率が下がり、少子化が進むのは当然のなりゆきなのである。そして生まれた子に高い教育を施すなど、質を高め、付加価値をつける、つまりは繁殖市場での価値を高めようとするのも当然のなりゆきだ。

さらに、である。特に日本での議論となるのだが、好景気だった頃に子どもに施すのが常識だった高等教育についてはレヴェルを落としたくない一方で、収入のほうが追い付かないという現象が起きている。

実際、令和元年度の内閣府の「少子化対策白書」によれば、「理想の子どもの数を持たない理由」の第一は、どの世代でも「子育てと教育にお金がかかりすぎる」なのである。このような理想と現実のギャップが、少子化を加速させているのだ。

ちなみに保険会社のＡＩＵの見積りによると、子が二十二歳までにかかる基本的養育費は千六百四十万円（月六万円として）。教育費はすべて国公立校の場合、七百七十万円で、基本的養育費とあわせて二千三百万円。これが私立の学校で通すと、教育費は二千百四十万円で、計三千七百八十万円だ。私立の医学、薬学系ではもっとかかる。

いったい、どうすれば少子化を回避できるのか。最も威力を発揮するのは、政府からの援助だろう。出産一時金、児童手当はすでにあるし、高校無償化、給付型奨学金、大学の授業料の補助など、いくつかの計画もある。自民党は第一子に百万円を補助する案も提出している。

これらの援助によって人々が望む、子育てや教育にかかるお金、たとえば教育がすべて国公立校として二千三百万円といった値がクリアされるとなれば、もう一人子を持とうという意識も生まれるのではないだろうか。

人間社会に宗教が生まれ、父系制となった理由

人間の場合、どんな先進的社会であろうと、またいかなる先住民の社会であっても必

ず宗教が存在する。中国のように共産主義によって宗教を禁じている場合は別かもしれないが、とにかく我々は、我々を超越する存在を必ず想定する。

こういう現象は極めて当然のことだと私は考える。そもそもある程度知能を備えた動物がまず抱く疑問とは何か。それは、自然現象の不思議さではないだろうか。明るいときと、暗いときがある。太陽が動き、星が動く。月が満ち欠けする。季節がある。天候の良いときと、そうでないときがある。植物が花を咲かせ、実をつける。何より自分や他者が成長し、老化する。交尾によって新しい生命が誕生する……。

今では科学的に解き明かされているわけだが、かつてはこれらすべての事象が謎であり、神秘であった。そのため、自分たちを越えた何者かが存在すると考えざるを得なくなる。そして雷や地震、大災害に至っては、もはやその何者かが怒っている以外には考えようがない。雨上がりに虹がかかろうものなら、何者かからの祝福としかとらえようがないではないか！　ただし、そうは思っても、その思いを伝え合う手段がなければ、超越者の存在を共有することはできない。

そのよい例がチンパンジーだ。チンパンジーは雨が降ってくると、音声をともなった、独特のダンスを始める。レインダンスという。

私はその動画を求めて探しまわったものの、見つけることはできなかった。見たことがある人によれば、それは人間が行う呪術的なダンスにきわめてよく似ているという。「ねえ、これって何者かが降らせているんだよね」とでも言いたいのだろうが、彼らはボディ・ランゲージを使うことはあっても、複雑な内容を伝える手段がない。だからダンスによって気持ちを共有するに留まっているのだ。

ところが人間の場合、複雑な音声言語によって「こんな不思議な自然現象が起きるのは、我々を越えた何者かがいるからだよね」と、気持ちだけでなく、認識を共有することができる。こうして超越者や神、そして宗教が生まれてきたのではないだろうか。ある程度の知能とコミュニケーションの能力さえあれば、超越者の存在と宗教とは必然的に生まれてくるものだと思う。そして超越者が存在すると仮定すると、それは現実のリーダーをはるかに凌《しの》ぐ、それこそ〝スーパーリーダーシップ〟を発揮するだろう。

さらに宗教はしばしば「あの世」を想定する。そうすると、この超越者によるリーダーシップと、あの世を想定することによる、現世へのこだわりの少なさ、つまりは命が惜しくないという心理によって他の部族などとの闘いに有利になるだろう。

いや、正確には、そのような心理をより備えた部族ほど戦いに勝ち、生き残ってくる。

こういう過程を通じて我々は、超越者の存在を信じる心理、あの世を信じる心理をより進化させてきたのではないだろうか。ということは裏を返せば、より激しい戦いを続けてきた地域ほど、人々にそのような心理がよく発達しており、宗教の持つ力の大きさ、戒律の厳しさなども並行して発達しているのではないだろうか。

もう一つ戦いと関係するのは、父系制社会か母系制社会かということだ。

人間の社会は父系制であることが圧倒的に多い。母系制社会は、太平洋の島々とかアマゾンの奥地のような辺境の地にわずかに存在するだけだ。

ところが、哺乳類の社会は、メスが子に授乳するという事情から、母系制であることが基本形である。よほどの事情がない限り、父系制に移行しない。では、人間の社会が父系制である事情とは何か。

戦闘である。

もし母系制社会だと、男たちはお婿さん連合のようなものとなり、互いに血縁関係がない。結束力はあまり強くはない。果敢に戦ったとしても、自分が死んだら、それっきりだ。ところが父系制社会では男たちに血縁関係があるので、結束力が強い。そのうえ死を恐れず戦える。自分が死んでも、自分と遺伝子を共有する血縁者が自分の代わりに遺伝子を残してくれるからだ。

こうして父系制社会は人間において勢力を伸ばし、母系制社会が残っているのは、太平洋の島々とかアマゾンの奥地のような、あまり激しい戦闘がなされてきたとは考えられない地域に限られるのだ。

生物学の偉大さと神仏の御加護

二〇〇六年（平成十六）、秋篠宮紀子妃殿下がご懐妊となり、はたして親王殿下がお生まれになるのかどうかということが大きな話題となった。ちょうどその頃、私は「男子誕生の確率高し」と題し、文藝春秋の雑誌に投稿した。

同時に林真理子さんも投稿していたのだが、紀子妃が三十九歳というご年齢であり、親王殿下の誕生が期待される中のご懐妊となれば、天は必ずや親王殿下を授けられるだろうという希望を述べたものだった。

私はといえば、生物学の知識をフルに活用し、おおよそ次のような内容を述べた。

女は若いときには女の子を産む傾向があるが、高齢となると男の子を産む傾向がある。というのも、若い頃はまだ繁殖の道のりは始まったばかり。現在と違い、昔の女は何人もの子を産んだ。それで将来に備えて、あまりエネルギーを消耗しないよう、まず女の子を産むべきだからだ。

実際、女の子は男の子より小さく生まれる。男の子は大きく生まれるために妊娠期間がわずかに長いのだ。女の子はまた、おとなしいので出産後の手間もあまりかからない。女の子は男の子よりも死ぬことが少ない。そのような事情からも、若いうちは手堅く女の子を産むべきだと言える。

女の子は五〜六歳か、子によってはもっと小さい頃から下の子の面倒を見ることができる。そのような意味でも若い頃は女の子を産みがちなのだ。実際、ある文化人類学的な研究によると、女、女、男という順に産むと、子どもたちの生存率は最も上がることがわかっている。上の女の子が下の子の世話をするからだ。私はこれを「一姫二姫三太郎作戦」と勝手に名づけている。

では、繁殖の終わりかけに男の子を産みがちなのはなぜなのか。それは、もはや将来に備えて余力を残す必要はなく、ドーンとエネルギーを投入すべきだからだ。男の子はそもそも手がかかり、エネルギーを必要とする存在だが、男の子を大きく産むと、将来の繁殖で有利になる。

男の身長は繁殖と密接な関係にあり、もちろん背が高いほうがよくモテて、繁殖で成功する。そのような研究がある。同時に、女は身長が低いほうがむしろ子をよく産むという研究もある。だから女が若いときに省エネモードで女の子を産むことには、そんな意味もあることになる。

女はまた、前回の出産から時間がたっていればいるほど男の子を産む傾向にあることもわかっている。体が十分に回復し、大きなエネルギーを投入する準備が整っているからだ。紀子妃殿下は若い頃に内親王を二人お産みになった。きわめて理論どおりだ。そして三十九歳でのご懐妊という、最後のチャンスを得られた。しかも、それは前回から十二年ものときを経た後だ。

この二つの要素から私は「男子誕生の可能性高し」と結論づけたわけである。そしてその結論には、神仏を信じない私でさえも、きっと何か天からの力添えが働く、この日本国が守られるはずだという、確信めいたものがあった。

悠仁《ひさひと》親王殿下のご誕生を知ったときには、生物学の偉大さに敬意を払うとともに天からの助けにも感謝したのである。

異常なほどの秋篠宮家バッシングは何のため？

二〇二〇年九月六日は秋篠宮家の悠仁親王殿下の十四歳のお誕生日であった。紀子妃殿下が四十歳の誕生日を目前に控え、帝王切開によって命がけで悠仁さまを出産された日の感謝と喜びを私は忘れることができない。

帝王切開となったのは、部分前置胎盤のためである。普通は子宮の上部に胎盤ができ、出産のときには、赤ちゃん、胎盤の順に現れる。しかし時に胎盤が子宮の下部にでき、子宮の出口をふさぐことがある。部分的に出口をふさいでいる場合が部分前置胎盤、全体的にふさいでいる場合が前置胎盤だ。

いずれにしても、その状態で通常通りに出産するとなると、胎盤が赤ちゃんより先に出てくるので、赤ちゃんに血液が送られなくなる。また大量出血となる。こうして母子ともに命を落とす危険があるため、帝王切開となったのだ。

紀子さまの妊娠が部分前置胎盤となったのは、おそらくご高齢のためだろう。高齢妊娠は、前置胎盤のリスクを高める要因の一つだからだ。そして、なぜ紀子さまが高齢出産をしなければならなかったのか、なぜ次女である佳子内親王の出産から十二年も経てからの出産であったかを考えるとき、秋篠宮殿下があるとき会見でおっしゃった「お許しが出まして……」という発言の意味がわかる。

誰かが秋篠宮家に産児制限をかけており、もういいだろうと「お許し」を出したのである。そして現在、秋篠宮皇嗣殿下は皇位継承第一位、悠仁親王殿下は第二位である。その秋篠宮家が異常なまでにメディアに叩かれている現実を、皆さんは知っておられるだろうか。「紀子さまが嫌われる理由」などという、あり得ないほど不敬なタイトルと中身の記事すらある。

眞子内親王の一件は格好の攻撃材料として使われる。秋篠宮家の方々は眞子内親王の一件さえ除けば、パーフェクトなご一家である。ご夫妻は全力で公務に取り組まれ、南米の二カ国を公式訪問し、帰国されて中一日おいての園遊会という超ハードスケジュールもざらである。眞子内親王、佳子内親王、ともに単独で外国を公式訪問されている。

今回のコロナ禍においては医療用のガウンが足りないことを知るや、専門家のアドヴァイスのもと、秋篠宮ご一家とその職員の方々総出でビニール袋を使ってガウンを手づくりし、寄付された。その数たるや数百枚にも及ぶ。医療関係者や患者たちは有難さに涙を流すこともあったという。これぞ皇族のあるべき姿ではないのか。

なぜ、そんなご立派な秋篠宮家を異常とも思えるほどに叩くかと言えば、秋篠宮家は次代の皇位継承者を有するご一家として不適格である、特に悠仁親王は不適格であり、だから愛子内親王に女性天皇になっていただこうという世論誘導のためである。

女性天皇は確かに、過去に八名十代おられた。このうちお二人は二度天皇になられたので十代なのである。しかしいずれの女性天皇も未亡人か生涯独身を貫くという条件つきで、天皇となってから誰かと結婚し、子をなし、その子が天皇になるということは一度たりともなかった。女性天皇は次の男系男子へつなぐためのただの中継ぎ登板なのであり、男系男子での皇統の継承は守られたのだ。

しかし、今の時代に女性天皇に生涯独身を強いることは不可能だ。自ずと誰かと結婚され、おそらくお子さんが生まれる。このお子さん（男女を問わず）が次の天皇となられるとすると、これぞ歴史上初の女系天皇となる。だから、現在では女性天皇を認めることは女系天皇を認めるに等しいと言ってよい。そしてこの女系天皇が属するのは、もはや皇室ではない。女性天皇の旦那さんの家の所属である。よって、これをもって二千六百八十年（現実的には千六百年くらい）続いた皇室の歴史は幕を閉じ、新しい王朝が始まるわけである。

現在、愛子天皇（女性天皇）、ひいては女系天皇を推す人々の中にいるのは、「今は男女平等なんだから女性天皇いいんじゃない」「グローバルな時代なんだから、ヨーロッパの王室みたいに天皇の第一子を天皇にしよう」などと単純に考える無知な人々と、無知な人々を誘導し、皇室の歴史を、ひいては日本国の歴史を終わらせたい勢力である。

後者は、朝日新聞、共産党などである。前者なのか後者なのか、よくわからないのが、河野太郎氏、石破茂氏、二階俊博氏などである。この中には菅義偉総理大臣も含まれるかもしれない。

悠仁親王殿下は、どう考えても不可解な事故や事件に何回も巻き込まれている。例の刃物事件などは明らかな脅迫である。いったい誰が、どのような団体が、それらを画策しているのかは不明だが、皇室を終わらせたい勢力があることだけは確かだ。

我々一人ひとりが悠仁親王殿下をお守りする決意を持たなければならない。

女系天皇によって皇室が「小室王朝」「外国王朝」となる日

秋篠宮皇嗣殿下の立皇嗣《りっこうし》の礼が済んだなら、安定した皇位継承のための議論が活発になされることになる。かねがねそう言われてきた。

私は旧宮家の皇籍復帰を含めた議論であることを期待したが、菅義偉政権が二〇二〇年十一月二十四日に突如提示したのは、「皇女」なる奇妙な制度だった。

皇女とは本来、天皇の娘を意味する言葉だが、この「皇女」は、結婚して皇室を離れた女子が公務を一部負担し、特別国家公務員扱いとなることだという。しかも年収は六百万円。

政府の説明によれば、女性宮家が女系天皇につながる危険性があるので、それを回避するために提出したのだという。実際、女性宮家はそのような観点からずいぶん批判されている。

今回の「皇女」について論ずる前に、まず女系天皇のみならず、現代では女性天皇も危険であるということ、それはなぜかを確認しよう。

女性天皇とは、たいていは父親が天皇である女性が天皇となられた場合である。祖父や曽祖父が天皇で女性天皇になられた方もあるが、その場合にも、父が皇室の男系男子である。

女性天皇は過去に八名おられ、うち二名は二度天皇となられたので、八名・十代の女性天皇が存在した。しかしどの方も未亡人か生涯独身を通されるという条件つきだった。天皇となってから結婚し、お子さんが生まれ、そのお子さんが次の天皇となったという例は一つもなかった。

つまり、皇位を次の男系男子につなぐための単なる中継ぎだったのだ。こうして皇位は男系でつながってきた。

しかし今の時代に、女性天皇が現れたとして（皇室典範には男系男子しか天皇になれないと記されているので、そのためには法改正が必要なのだが）、その方に生涯独身を通しなさいと言えるかというと、言えない。そもそも、世論が許さないだろう。「お可哀そう」と。

こうして女性天皇はおそらく、皇室の男系男子ではない誰かと結婚され、お子さんも生まれる。このお子さん（男女は問わない）が、もし次の天皇となられると、これぞかつて一度も現れることのなかった女系天皇である。そして最も肝心なことは、この女系天皇が属するのは、これまで連綿と続いてきた皇室ではないということだ。では、どこに属されるかというと、女性天皇の旦那さまの家である。

こうして二千六百八十年続いた我が国の皇室は途絶え、別の王朝となる。しかも、女性天皇の旦那さまが外国人であるのなら、日本国はその外国のものとなる。日本国を乗っ取られたも同然となるのである。国が乗っ取られると指摘すると、それは陰謀論だと言う人がいるが、歴史上の事実として存在する。

著作家の宇山卓栄氏が二〇一九年五月二十五日に「プレジデントオンライン」に寄稿した記事によると、ヨーロッパの王室では女系を認めたために国が合法的に乗っ取られるケースが多発したという。

最も有名な例がスペインで、一四九六年、スペインの王女ファナがハプスブルク家のフィリップと結婚して長男を産んだ。その後、スペイン王室に然るべき男子がおられなかったため、この長男が母であるファナから王位を譲り受け、カール五世となった。こうしてスペインは合法的にハプスブルク家のものになったのである。

我が国の場合、このように堂々とした形では乗っ取られないだろう。その代わり、出自を隠した外国人が女性天皇に近づき、結婚し、やがて正体を現すという形になるかもしれない。

ともあれ、今回の「皇女」についての政府の説明を聞いて私は釈然としなかった。皇女は、公務を行う都合上、半分皇室に残っているような存在である。皇室とまだつながりがある。だから、女性宮家が持つ、女系天皇へつながる危険性の回避のためと言いつつ、実は「皇女」には女性宮家とあまり変わらない危険性が潜んでいるのである。

実際、秋篠宮家の眞子内親王殿下が、もし小室圭氏と結婚し、「皇女」となられたなら、一億四千万円とも言われる一時金と、年収六百万円が保証される。たぶんその他の収入もあり得るだろうから、無職の圭氏でも生活できるだろう。

そうこうするうちに小室氏とともに眞子さまを皇族に復帰させよという世論が高まるかもしれない。となると、これは女性宮家以外の何物でもないではないか。そうすると、女性宮家の危険性として指摘される、女系天皇へのルートが開かれる。生まれたお子さんが次の天皇、つまり女系天皇となり、皇室が小室王朝となるのである。

その可能性は十分にある。

このような悲劇を回避するためには、旧宮家の方々、つまり本来皇室の男系を途絶えないようにするためのお役目を持った方々に皇籍復帰していただくだけでよい。そのためには世論が高まることが最重要なのである。

ある女性政治家は「世論が高まれば、旧宮家の皇籍復帰は可能ですか？」との私の問いに「世論さえ高まれば、可能です」と断言された。

今やSNSを使って誰でも発信できるのだから、様々な形で声をあげることができる。ぜひ発信していただきたい。

河野大臣、わが国を滅ぼすおつもりですか

河野太郎防衛大臣（当時）が二〇二〇年八月二十三日夜、YouTubeに生配信をした。その中で特に問題視されたのが、女性天皇、女系天皇を容認するというものだ。と言っても、いきなり容認するというものではなく、男系で継承するのが好ましいが、最終的には女性天皇の可能性も検討すべきだというものだった。しかし、この時代に女性天皇を認めるとどうなるか。

かつての女性天皇は条件つきだった。未亡人か生涯独身を貫かれた方であり、天皇となってから結婚し、お子さんが生まれ、その子（このとき男女を問わない）が次の天皇となる、などということはなかった。こうして皇室は男系を維持することができたのだ。

しかし今の時代に女性天皇に、生涯独身を強いることなど不可能だ。よって誰かと結婚され、おそらくお子さんが生まれる。このお子さん（男女を問わない）が天皇になると、女系天皇ということになる。

つまり、これまで一度としてあり得なかった女系天皇が現れることになるのである。そしてこの女系天皇は、もはや皇室の方ではない。女性天皇の旦那さんの家に所属する方。だから日本の皇室の歴史はこれにて終了する。

河野大臣の「最終的には女性天皇も」という発言は、ここまでわかっておっしゃったのか、単に知識がないための発言かは不明だ。しかし、仮にも一国の防衛大臣の発言としての重みを考えたら、他国につけ入る隙を与えたことになり、大問題なのである。なぜなら、私が何度も警告している通り、女性天皇のお相手が日本人に化けた外国人である可能性が十分にあり得るからだ（某国の静かなる侵略ぶりからすると、皇室が侵略のターゲットにならないと考えるほうがおかしい）。そのとき生まれたお子さん、つまり将来の女系天皇の所属は外国となり、皇室の歴史が終わるだけでなく、日本国が外国の所属になる。つまり日本国が外国に乗っ取られることを意味するのだ。

河野大臣はまた、旧宮家の皇籍復帰について明確に否定した。

室町時代、足利義満が将軍であった頃、北朝の崇光《すこう》天皇の第一皇子の栄仁《よしひと》親王を初代として伏見宮家《ふしみのみや》がつくられ、他の宮家はその分家としてつくられた。だから伏見宮家も、それ以外の宮家の男子も皇位継承の資格を持った男系男子である。

宮家の男子は皇統が危機に瀕したとしても、私たちが控えていますよ、という存在だった。竹田恒泰先生の表現によれば、「血の伴走者」である。

実際、伏見宮家の四代目の当主の兄にあたられる方が、一〇二代の天皇（後花園《ごはなぞの》天皇）となって、皇統の危機を救った。このとき伏見宮家の存在がなかったら、皇統はどうなっていたかと思うとぞっとする。

有栖川宮家からは後西《ごさい》天皇が、閑院宮家からは光格天皇が即位された。光格天皇は現在の天皇陛下へと直系でつながっている。

十一の宮家は、昭和二十二年にＧＨＱによって廃絶となった。おそらく血の伴走者をなくせば、遅かれ早かれ皇統の危機が訪れ、皇室は自然と朽ち果てるだろうという目論《もくろ》見《み》であったのだろう。だからこそ、今我々は旧宮家の皇籍復帰を国民の総意として声を高めていき、政府を動かさなければならないのだ。その大事なときに旧宮家の皇籍復帰に反対し、女性天皇、女系天皇に賛成するとは、日本国を滅ぼす気かと疑ってしまう。

河野大臣はＹｏｕＴｕｂｅの配信の翌日にブログを更新している。そこではかなり軌道修正がなされているが、それでもまだ旧宮家に対する大変な誤解がある。旧宮家は六百年前に別れたきりであり、そんな遠い方々を皇籍復帰させることに国民がはたして納得するだろうか、というものだ。

すでに述べた通り、宮家から天皇となられた方々がおられる。そして皇室から宮家へ養子に行かれた例も多い。

宮家はまた、皇女が宮家に嫁ぎ、宮家から皇室に嫁ぐなど、常に血縁的に近かった。竹田恒泰先生は、明治天皇の玄孫《げんそん》（やしゃご）と言われるが、それは明治天皇の皇女が竹田宮家に降嫁されたからである。明治天皇の皇女の三人が、このように宮家に降嫁された。昭和天皇の第一皇女は東久邇宮家《ひがしくにのみや》に降嫁された。また、昭和天皇の妃、香淳《こうじゅん》皇后は久邇宮家から入内《じゅだい》された方である。六百年前に別れたきり、などではないのである。このような誤った情報が大臣の口から発せられることはあってはならないのだ。

河野大臣は敢えて皇室つぶしの発言をしていると見る方もいる。チャンネル桜の水島総《さとる》社長は、今この時期にこのような発言をするということは、外国の勢力、特にアメリカのディープ・ステート（影で政治を操る勢力）に対するメッセージであり、自分が総理になったら、あなたたちに従いますよ、という意味であるという。これもまた、あり得る解釈だと思う。

河野大臣はツイッターを駆使している人物としても有名である。おちゃめなツイートをすることで大人気だ。ただし、単に「原発についてどうお考えですか」と質問しただけでブロックされた人、河野大臣に直接からんだことがないのに、いつのまにかブロックされていた愛国者もいる。私は、女性天皇、女系天皇を認める河野大臣はおかしいとツイートしたら、たちまちブロックされた。

ＹｏｕＴｕｂｅの配信では、ツイッターは自分でしていると発言されていた。ということは、このような言論封殺をご自身でなさっているわけだ。

この一点からしてすでに、河野大臣は総理の器ではないと言える。河野大臣のうわべのパフォーマンスに騙されてはいけない。

人間の思想にも遺伝子や病原体への恐れが潜んでいる

オランダ・ティルブルグ大学のＹ・インバーらは、様々な事柄に対する嫌悪感の強さ（嫌悪感受性、Disgust Sensitivity 略してＤＳ）と、政治的立場との関係について研究している。

二〇一一年に発表された論文では、そうした関係だけでなく、実際に二〇〇八年のアメリカ大統領選で、共和党のマケインに投票したか、民主党のオバマに投票したかの傾向まで分析している。

まず、政治的立場だが、「非常にリベラル」「リベラル」「ややリベラル」「中道」「やや保守」「保守」「非常に保守」までの七段階で自己判断してもらう。被検者となったのは二万五千五百八十八人のアメリカ人である。五〇・八％が女で、年齢は中央値が四十歳。中央値とは、全員を、この場合なら年齢順に並べたときの真ん中に位置する人の年齢だ。

このとき最も多かったのは、「リベラル」で、そのパーセンテージたるや、四一・六％！

「大変リベラル」も次に多く、一九・五％。「ややリベラル」は一六・五％。片や「保守」は五・四％、「非常に保守」は一・五％、「やや保守」は四・九％だった。

その一方で、二十五の質問事項に0（まったく嫌悪を感じない）から4（ひどく嫌悪を感ずる）までの五段階で答えてもらう。たとえば、「公衆トイレの便座には体のどこも触れさせたくない」という質問に、0（そんなこと全然思わない）から4（激しく同意する）まで。「ソーダ水を一口飲んだところ、それが知人のグラスであることがわかった」という質問に対し、0（まったく嫌ではない）から4（激しく嫌悪する）までだ。二十五項目のスコアは平均の値を出し、嫌悪感受性（DS）とする。

そして政治的立場（非常にリベラルが1、非常に保守が7までの七段階）との関係を調べると、左頁の図のようにきれいな対応が見られた。

保守であるほど、病原体の脅威にさらされることや衛生状態に敏感なのである（例として示さなかったが、二十五の質問事項のうちには性行為などに関する嫌悪感についての項目もある）。

二〇〇八年のアメリカ大統領選で誰に投票したかという調査も、千五百六十八人について行われた。ここでもリベラルが多数派で、「断然オバマだ」という人が七〇・七％も

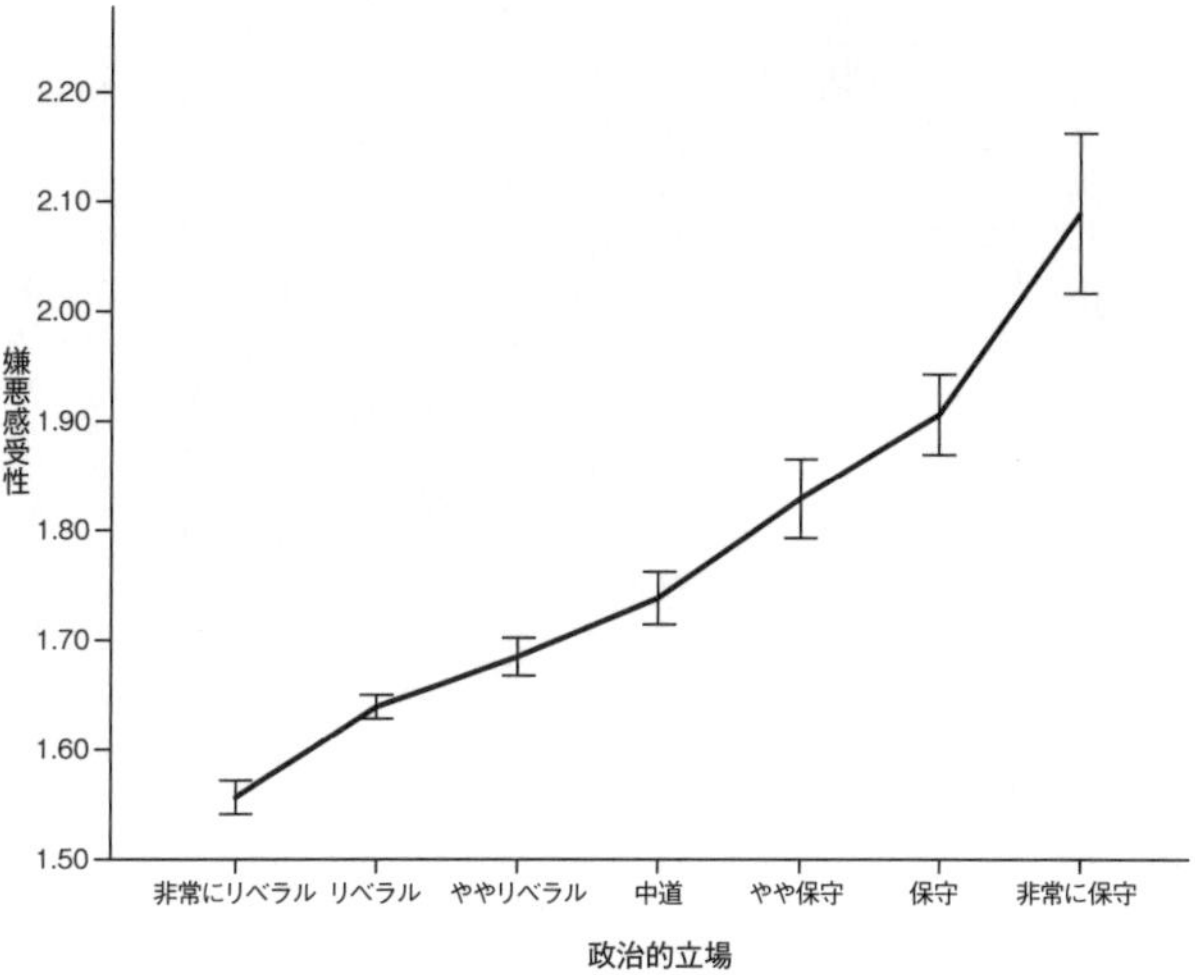

いて、「どちらかと言えばオバマ」の七・四％、「オバマを好む傾向」の二・三％を加えると八〇・四％にもなってしまう。

片や「断然マケインだ」は七・八％、「どちらかと言えばマケイン」が二・二％、「マケインを好む傾向」が二・一％で、合計すると一二・一％。オバマ勝利もうなずける。

しかし、この選挙の投票と嫌悪感受性（ＤＳ）との関係を調べると、よりＤＳが強い人はオバマよりもマケインに投票した傾向があり、ＤＳの強い人が多い州ほど、オバマよりマケインに投票する傾向があった。

そうすると次に問題となるのは、これ

ははたしてアメリカだけの傾向なのか、他の国でもそうなのかということである。インバーらが世界の百二十一カ国で調査したところ、それは世界共通の現象だった。

インバーらは以下のように議論している。

こういう嫌悪感とは、本来有害な物質とか危険なものに近づかせないようにするための心理である。しかし同時に、人間のモラルや社会的判定にも重要な役割を果たすだろう。ということは、嫌悪感受性（ＤＳ）は性的なこと、体や心のピュアさにも影響を与える可能性がある。よって嫌悪感受性が強い傾向にある保守は、同時に性的な乱れや、暴力にも嫌悪感を抱くと考えられる。確かに、二〇二〇年のアメリカ大統領選で、バイデン支持のリベラル派が暴動を起こしたのに対し、トランプ支持の保守派はあくまで大人しかった。二〇二一年一月六日の議会乱入事件はトランプ氏が扇動したとして、弾劾裁判にまでかけられたが、実際に乱入したのは極左グループである。トランプ氏は扇動などしていない。

これとは別の、ドーパミン受容体の遺伝子における、ある四十八塩基対からなる部分の繰り返し構造の回数に注目した研究によれば、以下のような結果となった。

繰り返し回数の多いグループは浮気や一夜限りの関係を持つ確率が高いうえに、政治的にはリベラルの傾向が強い。繰り返し回数が少ないグループでは浮気や一夜限りの関係を持つ確率が低く、政治的には保守の傾向があった。

実は、前者は感度のよくないドーパミン受容体しかつくることができず、少量のドーパミンでは満足できない。そこでドーパミンがもっと放出されるよう、浮気や一夜限りの関係を持ち、政治的には革新的なリベラルの思想に惹かれるというわけである。

中には反発を覚える人もいるだろうが、人間の思想の背景にも物質が絡んでいるのである。

第5章 誤解だらけの遺伝と人間社会

――遺伝子こそすべてなのに

美男美女は健康で長生きするという酷《むご》い現実

第3章でツバメの尾羽の話をした。

ツバメのオスの尾羽が長いと、メスは魅力を感ずる。つまりはモテる。尾羽というのは、両端にある、ひときわ太くて長い、針金のような部分のことだ。

ツバメの尾羽の研究で名高いデンマーク出身の鳥類学者、A・P・メラーによると、アフリカなどで冬を越した彼らは、ヨーロッパへ繁殖のために戻って来る。その際、尾羽の長いオスほど繁殖相手が早々と見つかる（彼らの婚姻形態は一夫一妻だ）。早く繁殖を始めるのだから、ヒナが巣立つのが早い。よって二回目の繁殖を早々と始めることができる。

さらには、オスは浮気に成功しやすい。なぜならメスは亭主よりも短いオスは相手にせず、亭主よりも尾羽が長いオスがやってきたときのみ浮気するからである。

これだけでも尾羽の長いオスは繁殖に有利なわけだが、加えてこんなこともわかった。

父親の尾羽が長いと息子が長生きの傾向がある。これは尾羽の長い父親が長生きし、よく世話をするからだろうと考えたくなるが、そうではない。尾羽の長いオスはむしろ子育てに熱心ではないとわかっているからだ。

そうすると息子は、父親から長生きできる能力を受け継いでいるということになる。その長生きの能力こそが免疫力、つまり、バクテリアやウイルス、寄生虫などと戦う力だ。

メラーはこれとは別の研究で、巣に卵を産みつつある時期に、一つの巣あたり、ダニを五十匹投入するという手荒い実験をしたことがある。そんなことは自然界ではあり得ない状況だ。そうしてヒナが孵化して七日目に、ヒナ一匹あたり何匹のダニがとりついているかを調べる。すると、父親の尾羽の長さによって驚くほどの違いが見られた。

・父親の尾羽が十センチ以下の場合　三十～百匹（ずいぶんと増殖を許している）
・父親の尾羽が十一センチ　五～五十匹（まあまあ抑え込んでいる）
・父親の尾羽が十二センチ以上　せいぜい五匹（増殖を抑えることにほぼ成功している）

つまりオスの尾羽の長さとは、ダニに対する抵抗力、つまりは免疫力の強さを物語っていたのである。だからこそ父親の尾羽が長いと、息子は強い免疫力を受け継ぎ、生存の能力が高く、長生きできるというわけだ。当然のことながら、父親の寿命が長いと息子の寿命も長い傾向がある。

では寿命が長いことにはどういう意味があるのだろう。それは生涯の繁殖回数が多くなるということだ。

こうして尾羽の長いオスは、早く相手を見つけるのでヒナの巣立ちが早く、一シーズンに何回も繁殖する。そして浮気で活躍する。さらに、寿命が長いので、尾羽が短いオスよりも生涯に繁殖シーズンを数多く経験することができる。

そのようなわけで尾羽の長いオスほど自分の遺伝子をよく残せるので、ツバメのオスの尾羽はだんだん長くなるほうへと進化したのである。

娘もまた父親の免疫力を受け継いでいるはずだが、メスはオスよりも育った場所より遠くへと拡散する。よってメラーは息子に限定して調べたというわけである。

人間で魅力となるのは、声、ルックスなどだが、実は、顔の良さと日常的に健康であること、顔の良さと寿命との関係を調べたところ、男も女も、顔が良いと日常的に健康で、寿命が長い傾向にあるのだ。

この酷《むご》い現実をどうとらえるかは、あなた次第だ。

世界一の母乳で育った日本の子どもたち

サバ、イワシ、サンマなどの青魚にはDHA（ドコサヘキサエン酸）が多く含まれていて、食べると頭が良くなると言われている。実際、DHAは神経の発達に深く関わっている。

一方、ω《オメガ》－3脂肪酸は体によいが、ω－6脂肪酸はよくない。特にω－6脂肪酸であるリノール酸を多く含む、コーン油、ベニバナ油などの植物油が良くない。しかし、ω－3脂肪酸であるα－リノレン酸をよく含むキャノーラ油などは健康に良い、などということもよく言われる（とはいえキャノーラ油にしてもリノール酸を含み、すべては相対的な問題だ）。

この二つの健康知識だが、一見、全然関係ないように見えるものの、実は表裏一体というくらい関係がある。

DHAは、ω－3脂肪酸であるα－リノレン酸から出発し、いくつかの酵素の作用によってでき上がる最終的な産物である。一方、ω－6脂肪酸であるリノール酸も、α－リノレン酸の場合とまったく同じ酵素によって最終的な産物へと至る。

ということは、頭をよくするDHAをつくろうとするとき、ω－6脂肪酸であるリノール酸が多く存在すると、邪魔になってしまう。同じ酵素を巡って奪い合いになるからだ。一つにはそういう意味で、ω－6脂肪酸は良くない、リノール酸を多く含む植物油は良くない、と言われるわけである。

ちなみに、ω－6脂肪酸である、リノール酸も、ω－3脂肪酸であるα－リノレン酸も、我々の体で合成できないので外部からとり入れるしかない。必須脂肪酸である。

このように、頭を良くするにはDHAが必要だが、リノール酸（LA）はその合成を邪魔するという観点から、米ピッツバーグ大学のW・D・ラセックらが研究を行った。世界各国の母乳に含まれるDHAの濃度、LAの濃度、DHAとLAの比であるDHA／LAなどと、子どもの頭の良さとの関係を調べたのである。

母乳を調べたのは、まずは日常的にどんなものを食べているかが母乳に反映されるからだ。そして母乳に含まれるDHAによって、子どもの脳や神経系の基礎ができてくるという意味もあるからである。

頭の良さは、ＰＩＳＡなる数学と読解力、サイエンスという三種の能力を調べるテストで測る。ＰＩＳＡの成績はＩＱの値とよく一致することがわかっている。

世界五十八カ国、四千五百人の十五歳の少年少女がこのテストを受け、母親たちは母乳のサンプルを提出した。ちなみに、国民一人当たりのＧＤＰと、国民一人あたりの教育費はテストの成績に大いに影響を及ぼすので、その効果については補正している。

ともかくそうすると、ＤＨＡの濃度が高いほど、ＰＩＳＡの三分野の成績が、いずれも「良い」という傾向があった。しかしＬＡ（リノール酸）の濃度が高いほど、ＰＩＳＡの三分野の成績が、いずれも悪いという傾向があり、そして、ＬＡに対するＤＨＡの比（ＤＨＡ／ＬＡ）が大きいほど、ＰＩＳＡの三分野の成績が、いずれも良いという傾向があった。

このうち、ＤＨＡ／ＬＡに国ごとの差が最も顕著に現れ、これにｌｏｇ《ログ》をつけるともっと明らかになった。ｌｏｇ（ＤＨＡ／ＬＡ）が大きいほど、ＰＩＳＡの三分野の点数の平均が高いのだ。

そして、日本のお母さんの母乳のｌｏｇ（ＤＨＡ／ＬＡ）は、なんと世界一である。Ｌ

Aに対するDHAの濃度が世界一高いのだ。

では、PISAの成績も世界一かと言うと、残念ながら、そうではなかった。中国が突出している。そして香港、シンガポール、韓国と続き、日本は五位だった。普通ならここでがっかりするところだが、最近の私は疑り深い。

新型コロナ騒ぎでの中国のデータ改ざんぶりを見るにつけ、私は中国を信用しないことにした。韓国のデータ改ざんも大いにあり得るので信用できない。

そんなわけで、日本のお母さんの母乳が世界一優れていることはもちろんだが、そのおかげで子どもの頭の良さもほぼ世界一と言っていいのではないだろうか。

娘がお父さんを「くさくない」と言うのは優しいウソ

コロナ禍以降、外出自粛のため、家族と過ごす時間がとても多くなっている今日この頃。年頃の娘に「くさい、くさい」「パパと一緒の空気を吸うのも嫌だ」と言われ、ショックを受けているお父さんもいることだろう。小さい頃は「パパ、パパ」とべったりだったのに、どうして今になって嫌われるのか、と。

でも、大丈夫。それは、あなたの娘さんは女として順調に育っているし、間違いなくあなたの子だという証なのだから。

HLAとかMHCという言葉をご存じだろうか。前者はHuman Leukocyte Antigenの略。「ヒト白血球抗原」と訳される。後者はMajor Histocompatibility Complexの略で、「主要組織適合複合体」と訳される。

HLAとMHCは同じものだが、人間の際にはHLAと呼ばれることが多い。また、白血球（Leukocyte）の名が付いてはいるが、初めに白血球で発見されたというだけで、実際にはほとんどの細胞の表面にある抗原（タンパク質）だ。つまり細胞の表面に多数存在していて、自己とを区別する免疫的な旗印のようなものである。このような旗印が体中にくまなく存在していると考えればいい。

他者というのは普通、病原体である。HLAは病原体の侵入の認知に関わり、免疫系が他者の攻撃を始めるというわけだ。臓器移植の際にもHLAは重要で、移植される臓器と、HLAの型が合う、合わないという問題が生じてくる。

HLAの遺伝子には、A、B、C、DR、DQ、DPの六種類あるが、常染色体である第6染色体のごく近くに密集して存在している。だから、この六つの遺伝子には、染色体の途中に切れ目が入って遺伝子同士の組み合わせが変わるという現象（交差）はまず起こらず、常に一つのセットとして子に遺伝する。

AからDPまでの遺伝子には、実に様々なタイプがあり、第6染色体は常染色体なので対になっている。よって我々は、HLAに関して、最大で十二種類の免疫的な切り札を持っていると言える。それは、その人に固有の十二種類であるが、キョウダイではまったく同じ場合もある。

このとき、子が同じ切り札を重複して持つのは、とても損なことである。そこで何とか重複を避けようとする仕組みがオスとメスの間にあることが、人間はもちろんのこと、ネズミにも、魚にもあることがわかっている。しかも、その能力はメス（女）限定だ。

人間での研究は一九九五年、スイスのC・ウェーデキントらが行ったのが最初だ。まず、男子学生にTシャツを週末に二晩続けて着て寝てもらい、十分ににおいをしみ込ませたうえで提出してもらう。もちろん本人のにおい以外がつかぬよう、においのきつい食べ物、飲み物などを排除している。

次に女たちが登場し、Tシャツのにおいをかいで評価をくだす。すると、においの評価は相対的なものとなった。評価する女とHLAの型の重複が少ないと、くさくはないと評価され、重複が多いとくさいと評価された。

女はにおいによって相手の男とのHLAの型の重なりを見抜いていたのである。そうやって相手選びをすることで、子が同じ切り札を重複して持つことを避けようとしているのだ。

二〇〇三年になると、別の研究者たちによって、付き合いを始めた後でも、女は依然として相手との型の重なりについて検討していることがわかった。重なりが多いと、排卵期のセックスを無意識のうちに避けてしまう。また、オルガスムスの頻度が少ないなど、性的な満足が得られないのだ。女はいずれ別れを切り出すだろう。

ちなみに、これらの研究と臓器移植の際に問題にされるのはA、B、DRの型のみである。

では、父と娘はHLAの型について、どういう関係にあるのだろうか。

娘は父の第6染色体の半分を受け継いだ存在だ。父とはHLAの型について半分もが重なっている。それほど重なりのある異性をくさいと感じないはずがないではないか！

もし、娘さんが父親をくさくないと言ったら、それは優しいウソをついているときだろう。

あるいは、実の子ではない場合である！

A型が多数派なのは「長く生きればいいというものではない」から

血液型というと、「血液の型でしょ。それが性格と関係あるなんておかしい。そんなこと言うのは日本人だけで、世界からバカにされている」などと言う人がいる。

しかし、私は言いたい。

血液型（ここではＡＢＯ式血液型のことを指す）は免疫の型である。つまり病気に対する戦い方の違いであり、得意、不得意な病気があるのだ。そうと知ったうえでも、関係ないと言えますか？

血液型は、赤血球の表面に存在する糖鎖《とうさ》の違いによる。糖鎖とは文字通り、糖がいくつも鎖のようにつながったものであり、赤血球の表面に毛のように生えている。その糖鎖の最末端部の糖が何かによって血液型が決まる。

Ａ型の場合には、最末端にＮ－アセチルガラクトサミンという糖がついている。この糖がとれるとＯ型の糖鎖となる。Ｂ型の場合には、最末端にガラクトースという糖がついている。この糖がはずれたものがＯ型の糖鎖となる。するとＯ型がもともと存在していて、Ａ型とＢ型はあとからできたものと考えたくなるが、そうではない。

Ｏ型はＡ型の糖鎖をつくるための酵素の遺伝子に変異が起き、最後のＮ－アセチルガラクトサミンがくっつかなくなってしまったものなのだ。だからＯ型はＡ型に由来する。ではＡＢ型はどうなのかというと、ＡＢ型の糖鎖はない。Ａ型の糖鎖とＢ型の糖鎖とが混在しているのだ。

このように血液型とは赤血球の表面にある糖鎖の違いであり、病気といかに戦うかの戦い方の違いなのだ。だから血液型によって得意、不得意な病気があって当然なのである。

血液型は赤血球だけの問題ではない。これらの糖鎖は体の臓器、体液中などに含まれる細胞の表面にも存在する。だから、ますます病気との戦い方の問題になってくるし、病気に対する得意、不得意の違いが現れてくる。

得意、不得意の違いがあるのなら、行動パターンにも違いがあって当然のはずで、そんなところから性格にも影響が及んでいるのではないかと思うのだ（ある血液型なら絶対にこう、というのではなく、これらはあくまで傾向である）。

さて、今回は血液型と性格の関係を論じようとしているのではない。血液型と病気とは相関があるが、A型が病気全般、特にガンに弱いというのに、なぜ地域によっては最大の勢力となっているのか、ということだ。

血液型とガンの関係について初めて研究したのは、イギリスのI・エアードらで一九五三年のこと。イギリスでは、少なくとも当時は、血液型はもっぱらA型とO型で、B型もAB型も極めて少ないので、A型とO型の比較になっている。

すると、O型に比べA型の罹患率が高いガンは、胃ガン、結腸・直腸ガン、唾腺《だせん》の悪性腫瘍《しゅよう》、すい臓ガン、口腔《こうこう》・咽頭《いんとう》ガン、子宮頸ガン、子宮体ガン、卵巣ガン、乳ガンなど。

こうしてみるとA型の私は恐れをなすが、あくまで比較の問題だ。A型がO型に比べ、最も罹患率が高いのは、唾腺の悪性腫瘍で、一・六四倍。最も低いのが乳ガンで、一・〇八倍なのだ。その後の研究では、すい臓ガンについてA型がO型よりも三二％、B型がO型よりも五一％、AB型がO型よりも七二％罹患率が高いことがわかった。

ともあれ、やはりA型がガン全般について罹患率が高いという事実に変わりはない。

　ではなぜ、ガンに罹《かか》りやすいというのに、地域によってはA型が最大の勢力となっているのだろう（日本ではA：4、O：3、B：2、AB：1の割合）。ちなみに南米の原住民ではほぼ全員がO型であるが、これには特殊事情がある。O型が梅毒に極めて強いために、かの地の風土病であった梅毒が他の血液型を駆逐してしまった歴史があるのだ。

　A型に対する疑問は、皆が長寿をいいこととととらえることから生ずるのである。動物は長く生きればいいというものではない。自分の遺伝子をいかによく残すか、という論理のもとで生きている。ということは、最も効率よく自分の遺伝子を残すタイミングで死ぬ、ということも重要なのだ。「姥《うば》捨て山」のように、極限状態においては、子や孫の食い扶持《ぶち》を奪ってしまうだけの存在は、無意味である。

　ガンとは主に中年以降に発症する病気であり、子がちゃんと育ったあとに死ぬためのプログラムとも言える。つまり最もガンに弱いA型とは、一番よいタイミングで死ぬことができるタイプというわけなのだ。

　こうしてA型の人間は自分の遺伝子のコピーを効率よく残す。と同時に、A型の遺伝子もよく残している、ということではないだろうか。

　たとえ「死ぬにはまだ早いのに」と言われるタイミングであったとしても。

DVは遺伝子の繁殖戦略？ ―個人の不幸など遺伝子の知ったことではない

「多産はDV（ドメスティック・ヴァイオレンス）を疑え」というのはヨーロッパの産婦人科医の間では常識であるとのツイートを目にした。二〇二〇年五月十八日、ヘフェリン・サンドラさんという作家によるものだ（ツイートは日本語）。

サンドラさんはまた、保守的な国での多産はDVのもとで行われることも多く、そこに「女性に子どもが欲しいか聞く」習慣はありません、と言っている。

それに対し、イスラムの世界の専門家である飯山陽《あかり》先生がこう返信している。

「イスラム教では夫からの性交の要請を妻が拒否するのは罪とされています。多くの子をなし、地上をイスラム教徒でいっぱいにすることは善行とされ」、トルコの大統領などはヨーロッパのイスラム教徒に「五人の子をなせ」と呼びかけているそうだ。

調べてみたら、もっと以前にサンドラさんと同じようなツイートをした方があった。

二〇一八年十月二十八日、「ちいさん」という方によると、「私たち産婦人科では、多産の人の場合、DVを疑います。夫婦間でも避妊に協力してくれないSEXは、性的な暴力です。ご本人がDVに気づいていないこともあるので、丁寧な関りが大切です」と言う。「ちいさん」はSANE（性暴力被害者支援看護師）をされている方だ。

以上をまとめると、夫が暴力をふりかざすことによって妻に無理に、しかも避妊しないセックスを迫り、結果として多産になるということなのだろう。

実は私は、夫がDVをふるう夫婦には子どもが多い傾向があるという現象に、一九九〇年代に気づいていた。

DV男は暴力をふるったかと思うと、手のひらを返すように優しくなるなど、アメとムチを使い分け、なかなか妻を逃さない。結局、二十年以上をかけて離婚に至ったが、子どもだけはしっかり三人いる、などという例がとても多い。

DV男の息子が、父の気質を受け継ぎ、DV男になることも多い。父親のすさまじいまでの暴力を見て育ったはずの女が、なぜかDV男（となる男）と結婚してしまい、結婚後に初めてその本性に気づくという例も少なくない。

古今東西、暴力男が存在するということも大事なポイントだ。こういうことを総合して私が考えたのは、DVとは男の繁殖戦略の一環ではないか、ということだ。妻と無理やりセックスするために暴力を用いるというよりは、妻に交尾排卵を起こさせるためのものではないかと考える（28ページ参照）。

人間は自然排卵の動物である。月経周期の一定の期間に排卵し、もしその数日前にセックスしていれば、妊娠の可能性が高い。だから、避妊すべき日（排卵期）と安全とされる日（特に排卵後から月経が始まるまでの時期）があるわけだ。

それに対し、交尾が引き金となって排卵が起きる、交尾排卵の動物もいる。前述したように、ネコのオスのペニスにはトゲが生えていて、挿入時には痛くないが、引き抜く時に激しい痛みを伴う。ちょうど傘をすぼめて挿入し、引き抜くようなものだ。メスはあまりの痛みに悲鳴を上げて後ろを振り返り、オスを睨みつける。けれど、この痛みこそが排卵を促すのだ。ラッコもオスがメスの鼻にかみつき、一生消えないような傷を負わせる。これもまた痛みによって排卵を起こすためだ。

人間も交尾が引き金となって排卵が起きることがある。普段は感じないような、得体の知れない大きな恐怖を感じたときだ。一九六五年のニューヨークの大停電、二〇〇一年の9・11テロ、二〇〇五年のハリケーン・カトリーナ襲来の後に出産ラッシュがあったことも前述した。それは交尾排卵が起きたと考えなければ、説明がつかない現象である。

女は夫のDVによって痛みを感ずるだけでなく、大きな恐怖も味わうだろう。このように心が大きく揺さぶられることによって交尾排卵が起きてしまい、大丈夫なはずの日でも妊娠する。そして、結局のところ多産になるのではないだろうか。

DV気質は息子に遺伝することもある。その息子も父と同様、妻に暴力をふるい、子をよく産ませる。父のDVを見て育ったはずの娘が、やがてDV男に豹変《ひょうへん》する男と結婚することもよくある。そしてやはりたくさんの子を産む……。

こうしてDVに関わる遺伝子には、そのコピーをしっかりと残すためのルートがあるし、その他の遺伝子もよく残る。ということは、これはもはや男の繁殖戦略の一環と言ってもいいはずだ。

私はDV男を擁護するつもりはない。けれど、遺伝子はそのコピーを残すルートさえ確立すれば、それがどんなに人を不幸に陥れようが、世間から悪い評判を得ようが、まったく関係なく増える。遺伝子にとって、個体の不幸や評判なんて知ったことではない。

イギリスの動物行動学者、リチャード・ドーキンスが言うように、我々は遺伝子が時間の旅をするための、乗り物（ヴィークル）に過ぎないからだ。

肌の色には人種それぞれの事情がある

二〇二〇年、アメリカ各地で、BLM（Back Lives Matter＝黒人の命が大切）の名のもと、デモや暴動が頻発した。

警察官たちが、一人の黒人を取り押さえようとし、結果として彼を死に至らしめたことに端を発する一連の動きは度を越していた。九十歳を過ぎ、歩くのもおぼつかない白人のおばあさんがいきなり殴られ、無抵抗の白人女性が袋叩きにあう。そしてアメリカ各地に存在する、初代アメリカ大統領、ジョージ・ワシントン像までもがその標的にされるという事態にまで発展した。

この運動に気を使うあまり、美白化粧品の販売を控える企業や、パンケーキミックスなどで長年親しまれてきているブランドなのに、パッケージに使われている黒人女性が、奴隷を想起させるから、とブランド自体を廃止する企業まで現れた。ここまでくると、クレージーとしか言いようがない。

この一連の動きについて、問題は単なる黒人差別ではなく、ある勢力が背景にあることなどが指摘された。私は専門家ではないので、こういう点については言及しない。その代わりここでは、彼らがなぜ黒いのか、黒くならざるを得なかったのか、という問題を説明したい。

人類がチンパンジーと共通の祖先から分かれたのはおよそ七百万年前である。その後、我々の祖先は体毛のほとんどを失い、「裸のサル」となった。なぜ、そうなったかについては諸説ふんぷんだ。

人間の祖先の発祥の地は東アフリカにある。その東アフリカで、サバンナに進出し、狩猟採集生活を始めたため、汗を流して体温調節をする必要があったとか、水辺で生活するようになり、体毛は頭にだけ多く残ったとか……。ともあれ、体毛を失ったとき、我々の皮膚の色はどうであっただろう。

チンパンジーの皮膚が露出している部分は黒い。だから人間も黒かったのだろう、と考えたくなる。ところがチンパンジーの毛が生えている部分の皮膚は白っぽいのだ。ということは、体毛を失った時点での人間の皮膚は白っぽかったと推定される。では、なぜ白っぽい皮膚が黒くなったのだろう。

イギリスのガン研究所のM・グリーヴスによれば、白い肌にとって最も緊急を要するのは紫外線による皮膚ガン発生の問題であるという。そこで彼は、アフリカにおけるアルビノ（先天性白皮症、メラニンが合成できない）の人々に注目した。

たとえば、タンザニアは大変赤道に近く、紫外線の強い地域だが、アルビノの人々の皮膚ガンの発病率は二十歳までに約五〇%に及び、この病気のために四十歳までにほとんどが亡くなってしまう。つまり、生殖の前に発病することが多いのだ。

一方、同じ地域のアルビノではない人々の皮膚ガンの発病率が五〇%に達するのは六十歳くらいである。こちらは生殖を終えてからだ。

南アフリカでは、緯度が低く、高度が高い地域、つまり紫外線の強い地域ほど、アルビノの人々の皮膚ガンの発病率が高い。ある部族のアルビノの人々の皮膚ガンの発病率は、黒い肌の人々の一千倍にも達するという。

同じような現象は、アメリカ先住民でパナマに住む部族のアルビノの人々でも、南インドや、パプアニューギニアのアルビノの人々でも起こっている。いずれも赤道に近い低緯度の地域だ。低緯度ではないネパールのアルビノの人々も同様だが、それは高度が高いからだろう。

このように、初期の人類は白っぽい肌を持っていたが、アフリカの強い紫外線によって皮膚ガンになりやすく、子を残す前に発病し、亡くなることが多かったのだろう。白い肌の遺伝子は残りにくかったのだ。

しかし、そうこうするうちにメラニンをよく合成できるようになり、黒い肌を持つことで紫外線を遮《さえぎ》り、皮膚ガンになりにくくなった。子を残す前に発病することは少ないため、よく子を残した。同時に黒い肌の遺伝子（メラニン合成のための遺伝子）もよく残るようになったのだ。この黒い肌を持つようになったのは百〜二百万年前のことだろうとグリーヴスは言っている。

人類の一部は五〜十万年前にアフリカから北へと移住した。そこでは、もはや紫外線はそう大きな弊害はもたらさず、代わりに紫外線不足による問題が発生した。黒い肌によるヴィタミンＤの合成の低下である。

ヴィタミンＤは紫外線を浴びることにより体内で合成され、骨を強くし、免疫力を高める。よって肌は紫外線をよく吸収すべく、今度はメラニンをあまり合成しないほうへと方向転換したわけだ。白い肌はまた凍傷になりにくいという利点もあるという。

黒い肌にはさらに、ヴィタミンＤの合成過剰による、大動脈の石灰化、腎不全を防ぐ効果、紫外線による葉酸の分解を防ぐ効果などもある。メラニンはまた、バクテリアやウイルスに対して壁を築き、侵入を防ぐ効果もある。

黒人以外でも、生殖器のように皮膚が薄いうえに傷つきやすい部分にはメラニンが集まっているが、それはバクテリアなどの侵入を防ぐためだ。女が妊娠すると乳首が黒ずむのも、生まれてきた赤ちゃんが乳首を嚙む恐れがあるからだ。

どんな肌の色であっても、そこにはそれぞれの事情があるということを知るのはとても重要なことだ。こういう情報こそが人種間の対立の問題に光をともすのではないかと思っている。

遺伝子がすべてを決めるなんておかしいと思っている人へ

姿、形を遺伝子が決めている、という件についてはだれしも納得する。親子、兄弟姉妹などは、姿、形、声、仕草などが、どきっとするほど似ていると感じる瞬間がある。

一卵性双生児ともなると、遺伝的にまったく同じなので、姿も形も、声も仕草も、家族や親しい者以外には区別がつかないほどそっくりだ。このように遺伝子が姿、形などを決める件については異論の余地がない。

ところが話が行動に及ぶや、「遺伝子がすべてを決めるなんておかしい」「遺伝子決定論だ」と言い始め、激高する人々がいる。それはまさに鬼の形相であり、顔面は紅潮し、頭からは湯気が立っているのではないかと思うほどだ。なぜこれほどまでに怒るのか、私には理解できない。

そのような方に、「遺伝子は、特に行動に関わる遺伝子は、何から何まで完全に決めることなどできない。しかし、その力は大きい」ということを示そうと思う。

行動の遺伝子として早くからわかっているのは、Ｄ４ドーパミン受容体遺伝子である。ドーパミンは快感などに関わる神経伝達物質だが、それを受け止める受容体とくっついて初めて効果を発揮する。だから、受容体がどういうタイプのものかが効果の現れ方に影響する。

遺伝子の遺伝情報をもとに受容体であるタンパク質がつくられる。Ｄ４ドーパミン受容体遺伝子には四十八塩基対からなる部分の繰り返し構造があり、その繰り返し回数は人によって違い、二〜十一回までである。中でも多いのは、二回、四回、七回だ。そこで七回以上の繰り返しを一つでも持っているか、一つも持っていないかで人々を分類する。前者を7R+、後者を7R−と名づける。

ここで、「一つでも持つ」というのは、この遺伝子は常染色体にあり、遺伝子のある場所が二カ所あるからだ。その二カ所に、七回以上の繰り返しを二つか一つ持つのが「一つでも持つ」という意味なのだ。そして、この7R+と7R−とに、一夜限りの関係を持ったことがあるか、と問うと、7R+のグループは四五%がイエス、7R−のグループでは二四%がイエスだった。浮気したことがあるか、についても同様に、五〇%と二四%。つまり遺伝子の型によって、絶対的にそういう行動をとるわけではない。

7R+のグループでは、どちらの問いにも半数近く、あるいは半数しかイエスと答えていない。しかし、7R−のグループと比べると、約二倍もの確率でその行動をとっている。これはすごいことではないだろうか。あるタイプの遺伝子を一つでも持っていると、その行動をとる確率が二倍にもなってしまうのだ。

遺伝子の力とはこういうことなのである。行動の遺伝子については、「その行動をとる確率をぐんと変える遺伝子」とでも定義すればよいと思う。

D4ドーパミン受容体遺伝子はもともと、新しもの好きの遺伝子として見つかった。

繰り返し回数が多いと新しいものを好む傾向があるのだ。その後、繰り返し回数が多いと薬物依存症や浪費癖になりやすく、政治的にはリベラルの傾向があるということもわかってきた。

では、なぜ、D4ドーパミン受容体遺伝子の繰り返し回数が多いと、浮気しがちだったり、新しもの好きだったり、薬物依存や浪費癖、リベラルになりやすいのだろう。それはずばり、繰り返し回数が多いと感度の鈍いドーパミン受容体しかつくれないからだ。感度が鈍いので、少々のドーパミンでは足りず、よりドーパミンを欲する。よってドーパミンが放出されるようなこと、つまり新しいもの、新しい相手（浮気相手や一夜限りの相手）や薬物、買い物、リベラルという新しさを追求する思想などを好むというわけである。

行動の遺伝子はすべてを決められるわけではないが、その行動をとる確率を俄然高めること、および行動の遺伝子はどうやって我々の行動を操っているかが、おわかりいただけただろうか。

サルの「子殺し」が打ち砕く「種の保存」という幻想

「英霊《えいれい》の名誉を守り顕彰《けんしょう》する会」という団体の主催する会合で講演をさせていただいた。「動物が我々人間に語りかけるもの」というタイトルだ。

まず、会長のS氏が、人間を理解するうえで人間以外の動物に目を向けることはとても大切だということをおっしゃり、まさにその通り、さすがだ、と思った。

ところが、残念なことに「種の保存」という言葉が登場してしまった。「種の保存」や「種の繁栄」という言葉は、なぜか人々の耳に心地良く響くらしい。「それは間違いである」といくら力説しても理解されないことが多い。

あるとき、日高敏隆先生が「種の保存」「種の繁栄」は間違っているということを延々一時間かけて講演した。万雷の拍手の中、控え室に戻ってくると、主催者曰く、「先生、本日は大変勉強になりました。それにしても何ですなあ、種の保存は、やはり大切なことなんですね」

種の保存が間違っているということがわかってきたのは、一九六〇年代前半のことだ。当時、京都大学霊長類研究所の大学院生だった杉山幸丸氏（読みは「ゆきまる」だが、我々は「こうがん」さんと呼んでいる）は、インドでハヌマンラングールというサルを研究していた。

一頭のオスが複数のメスと、その子どもたちを従えて、ハレムをつくっている。ハレムの周りには、若いオスが徒党を組み、ハレムの主《あるじ》の力が衰えてはいないかとチャンスをうかがっている。よし、今、襲ったら勝てると判断したときに初めて襲撃するのだ。

たいていは襲撃したほうが勝利し、ハレムの主は敗走、子どものうちでもオスは父の敗走につき従う。残るはメスと子どものメス、そして乳飲み子だ。ちなみに新しくハレムの主の座に収まるのは、オスグループの中で中心的役割をなした者であり、後の者はしぶしぶ襲撃に加わっていただけである。

その新リーダーが手始めにすること。それが乳飲み子を殺すことだ。哺乳類のメスは普通、頻繁に乳を吸う子がいる限り、発情も排卵も起こらない。よって次の子はできない。しかし乳飲み子がいなくなれば、わずか数日か、せいぜい二週間のうちに発情と排卵を再開し、新たに子をつくることができる。新リーダーが乳飲み子を殺すのは、自分の子をつくるためである。これぞ、動物は〝種の保存のため〟に行動するのではない、〝自分の遺伝子を残すため〟に行動するのだという動かぬ証拠だ。

種の保存のために行動するのなら、せっかく生まれてきて、そこまで育った子を殺すなどということはしない。けれども殺せば、メスが発情し、排卵を起こす。そして自分の子を産んでくれる。だからこそ殺すのだ。

この大発見だが、杉山氏は解釈のうえで痛恨のミスを犯してしまった。子を殺すのは「個体の密度調整」のためだと考えたのである。

一方、アメリカのサラ・フルディは、杉山氏に触発されてハヌマンラングールの研究をしたが、こちらは、子殺しは自分の遺伝子を残すためだと正しく解釈した。だから、子殺しの発見とその意味、つまり子殺しは自分の遺伝子を残すためであり、動物の行動は種の保存のためではないことを示したのはフルディだということになってしまったのである。よほど良心的な本でない限り、杉山氏の名は登場しない。

六〇年代後半になると、理論として「種の保存」「種の繁栄」が間違っていることを示す人物が現れた。アメリカのG・C・ウィリアムズだ。彼の理論を手っ取り早く言うと、こうなる。

もし種の保存のために行動するという遺伝的性質を持つ個体が現れたとする。しかしそれは、自分の遺伝子を残すことにのみ集中している連中を相手に自分の遺伝子を残す競争をした場合、あっさりと敗れ去るだろう。だから、種の保存のために行動することに関わる遺伝子は残らない。種は結果として残るだけなのだ。

このようにして一九七〇年代には、この分野の研究者たちは「種の保存」「種の繁栄」は間違っているという認識を共有するようになったのだが、八〇年代に出版、翻訳されたある専門書の帯には堂々と「種の繁栄」と書かれてしまった。編集者が信じて疑わないのである。

どうして「種の保存」「種の繁栄」の誤解が解けないのか。

それはもしかすると、他の部族との戦いにおいて、そう考えるほうが、部族だけでなく最終的に自分自身の利益となって返ってくるからではないだろうか。

自分は自身の利益のために戦うのではなく、集団の利益のために戦うのだと思い込む。すると、集団としては勝利しやすくなる。その集団とは実は血縁集団であり、それはすなわち、自分自身の利益となって返ってくるのだ。たとえ自分が死んだとしても自分の遺伝子を共有している者たちが生き残り、自分の遺伝子を間接的に残してくれるからだ。

第6章
メス（女）は閉経しても価値がある
——合理的な生物の世界

なぜ男は女より背が高いのか——身長と繁殖の相関関係

身長の高い男はモテる。これは特に研究しなくてもわかりきっていることだが、きちんと研究する価値はある。

ということで実際に研究したのは、ポーランド、ヴロツワフ大学のB・パヴロヴスキーらで、二〇〇〇年のことだ。彼らは、一九八七年から八九年にかけて健康診断を受けた二十五歳から六十歳の男性四千四百人あまりについて、身長と子どもの有無の関係を調べた。すると二十代、三十代、四十代のいずれの年齢層でも、子ありのグループの平均身長が子なしのグループよりも高かった。身長が高いと、少なくとも結婚して子をなしやすいということだろう。

ここで興味深いのは、この時点で五十代の男だった。この年代では子ありグループと子なしグループとで平均身長に差がなかったのである。

これはいったいどういうことなのか？

よく考えると、この時点で五十代というのは、一九二〇年代後半か三〇年代前半の生まれであり、ちょうど第二次世界大戦が終わった頃に結婚年齢にあった人々だ。つまり第二次世界大戦に兵士として参加し、戦死した男が多く、結婚市場で男不足だった時代である。よって身長が高いか、低いかが結婚に影響しなかったのだろうと考えられるのだ。

二〇〇二年になると、英国ミルトン・キーンズ・オープン大学のD・ネトルが、「結婚回数」という観点を打ち出した。それによると、イギリスの男の平均身長は一・七七メートルだが、最も結婚回数が多いのは、平均身長が一・八三メートルの者たちだった。平均より少し高いくらいが最も多く結婚するのだ。

なぜ男は身長がやや高めだとモテて、結婚回数も多いのか。それは、身長を伸ばす主たる原因が男性ホルモンの代表格であるテストステロンにあるからなのだ。女は身長が高く、テストステロンレヴェルが高い男を好むわけである。

ネトルは一方で女の身長についても調べている。この場合は、子どもの数を問題にした。男と違い、女は配偶者にあぶれることはまずない。高望みさえしなければ誰でも結婚できるのである。

すると、イギリスの女の平均身長は一・六二メートルであるのに対し、子を最も多く産んでいるのは平均一・五一メートルの女たちだった（これらはすべて若い時の値）。驚くべき低い値だ。

そして子どもがいる割合が最も高かったのは平均一・五八メートルの女たちだった。これらの値から女は一・五一〜一・五八メートルくらいが最も繁殖に成功するだろうとネトルは述べているのである。こうしてみると男は平均よりやや高め、女は平均よりかなり低めの場合に繁殖に成功しやすいことがわかる。

なぜ男と女で平均身長に差があるのかは、これで説明できる。もし、女も身長が高めのほうがよく繁殖するのであれば、女も高いほうへと進化し、男との差がなくなってくる。しかし、このように男とは逆方向へ淘汰《とうた》がかかっているため、男よりも低めとなるのである。

もう一つには、なぜ身長の高い家系もあれば低い家系もあるかが説明される。前者は男が繁殖で活躍する家系で、後者は女が繁殖で活躍する家系というわけなのだ。

動物の行動や繁殖は、個体だけを見ていてはなかなかわからないことが多く、家系全体を見渡して初めてわかることが多い。身長もその一例というわけだ。

ここで紹介した研究は、男は強者で女は弱者である、などと上っ面だけ見て、女を尊重せよ、と主張する一部のフェミニストにぜひ教えてあげたいものだ。

女に対抗して男が去勢したら寿命はどれだけ延びるか

昔の女はお産の際に命を落とすことがしばしばだった。そのため、父親が幼い子どもを連れて再婚することが多く、結果としてシンデレラのように子が継母にいじめられるという物語が世界中に存在する。

現代では女がお産で命を落とすようなことは滅多にない。よって女は本来の寿命をまっとうすることができ、女のほうが男よりも長生きである。この件については、およそ三つの理由によると考えられている。

一つ目は、女性ホルモンのエストロゲンに血管を広げる作用と動脈硬化を防ぐ作用があること。これによって虚血性心疾患や脳梗塞《こうそく》を防ぐのに大変有利になる。さらにエストロゲンには、神経細胞や心筋細胞など、なかなか再生しない細胞の死を防ぐ効果がある。これまた女に有利な条件だ。

ちなみに性ホルモンというのは、男女ともに持っているが、そのレヴェルが隋分と違うという意味である。女性ホルモンは女しか持たず、男性ホルモンは男しか持たないわけではない。

二つ目は、性染色体に関係するものだ。性染色体は男でXY、女でXXという状態になっている。男は男にしかないY染色体を持ち、X染色体は一つしか持たないが、女はXを二つ持つ。そのX染色体に免疫に関する遺伝子が数多く存在するのである。たとえば抗体をつくるB細胞や、B細胞に指令を出すT細胞などの働き、それらの連携などに関わる遺伝子が多く存在するというわけだ。

となれば、Xを二つ持つ女のほうが有利に生きられるだろう。Xを一つしか持たない男では、もしX上の遺伝子に重大な不具合が起きると即、影響が現れる。しかし女ではそういう不具合が起きたとしても、もう一方のXが働きを補ってくれるからである。それどころか、そうこうするうちに不具合が修復されることだってある。性染色体について、男が極めて危うい状態にあるのに対し、女はとても安全だ。

三つ目は、男性ホルモンの代表格であるテストステロンに、何と恐ろしいことであろうか、免疫力を抑制する作用があることだ。さらにはテストステロンには冠動脈疾患を起こしやすい作用までもある。おそらくこの三つ目の要因こそが、男が短命で女が長生きであることに一番大きな作用を及ぼしているのだろう。

テストステロンは男の寿命をどれほど縮めているのか。それを知るためにはテストステロンの主たる製造元である睾丸を取り除いたらどうなるか、を調べればよい。

家畜の場合には、オスを去勢することで長生きさせてきたという歴史がある。ネコでは、オスは生後六カ月以内に去勢すれば、平均で三年も長生きすることがわかっている。ネコで三年は大きい。人間の十数年くらいに相当するだろう。では、人間ではどうか。

イタリアを中心としたヨーロッパでは、十七〜十八世紀をピークとして、カストラートと呼ばれる男性のオペラ歌手たちがいた。思春期前に去勢し、成人になってもソプラノやメゾソプラノの高さで歌うことができた（英語のcastrateは去勢するの意）。

そのカストラートたちが長生きの傾向にあったという研究がある。私も実際に調べてみたことがあるが、ここでは李氏朝鮮の宦官《かんがん》（去勢した官吏）についての研究を見てみよう。宦官は王宮のハレムをガードする役割をなしていたが、王、王族、貴族と同様の生活水準にあった。そのため彼らと寿命の比較をすることができる。

二〇一二年、韓国インファ大学のミン・キュンジンらは『養生系譜』なる、十六〜十九世紀の李氏朝鮮時代の王、王族、貴族、宦官についての記録を調べた。これは世界で唯一、宦官についての記録が載っている貴重な資料である。それによると特定できた宦官八十一人の平均寿命は七〇・〇歳だった。この時代においては驚くべき値だ。

しかも、その中には一〇〇歳を超える者が三名もいて、現在の日本での一〇〇歳以上の男の出現率（三千五百人に一人）と比べると約百三十倍にも達するのだ。

一方、王、王族、貴族の平均寿命は五〇・九〜五五・六歳の範囲にあった。宦官の平均寿命と比べると十数年の差がある。まさしくネコのオスが去勢した場合の寿命の延びと同じ、ネコの三年に相当するわけである。

去勢して長生きするか、短命だが繁殖で成功するか。悩ましい問題だ。

紅葉は「免疫力」のアピールであるという仮説

私が住む京都では、秋には紅葉を求め、日本のみならず、世界中から観光客がやってくる。二〇二〇年は例外だったが、あまりの混雑ぶりに鉄道以外の乗り物は信頼できなくなる。バスは着いた時点で満員。タクシーも空車が見つからない。この季節になるといつも思い出すのは、動物行動学界の革命児、W・D・ハミルトンが最晩年に提出した紅葉についての仮説だ。

そもそも、なぜハミルトンが革命児かというと、一九六四年に提出した「血縁淘汰説」により、「包括適応度」という概念を進化論の世界に打ち出したことによる。

それまでの進化論では、いかに自分の子を残すか、という論理しか存在しなかった。自分の遺伝子のコピーは自分自身だけで残す。そのルートしかない、というものだ。しかし、ハミルトンは、血縁者も含めて、いかに自分の遺伝子のコピーを残すかが生物の最大の課題であり、そのための行動などが保たれていくというのだ。これが「包括適応度」を高めるということであり、動物の基本である。

包括適応度はハミルトン適応度と言われることもある。極端なことを言えば、自身は子を残さなくても、血縁者の繁殖に協力し、そのことで自分の遺伝子のコピーがよく残るのであれば何ら問題はないということになる。

ミツバチのワーカー（働きバチ。メスである）などは、その際たる例だ。自身は子を産まず、母である女王が産んだ子（たいていは妹）の世話をする。そのほうが自身で産むよりも遺伝子のコピーがよく残るという、ハチやアリの世界に存在する特殊な性質のゆえにそうするわけだが、この極端な例からハミルトンは血縁淘汰説を思いついたのだ。

ハミルトンは他にも、なぜ有性生殖が進化したかについての説、つまり寄生者に対抗するために子孫にバラエティをつけるという「赤の女王仮説」、動物のオスの魅力的な外見やパフォーマンスは寄生者にいかに強いかを、つまり免疫力の高さを示すものだという「パラサイト仮説」を提出している。パラサイト仮説についてはマーレーン・ズックという女性研究者との共同発表である。そして二〇〇〇年に没する直前に提出したのが、紅葉についての仮説だ。

紅葉する木々の葉が赤くなるのは、光合成のためのクロロフィル（緑色）が減って、赤ならアントシアニン、黄色ならカロチノイドが合成されるか、相対的に目立ってくるのだと説明される。

しかし、これは具体的にどういう方法によって赤く、あるいは黄色くなるかの説明であり、至近要因についての説明だ。

ハミルトンが提出した究極要因としての説明はこういうことになる。すなわち、冬の訪れの前にカエデなどの木々の葉が色づくのは、それらの木にとりつき、冬を過ごそうとしているアリマキなどに対する警告だというのである。

「俺にとりつこうとしたって無理だよ。俺がこんなにも赤い（黄色い）のは、お前たちなんかが寄生しようとしてもできないほどの免疫力を持っているからなんだ」とアピールしているというのだ。

この仮説を検証するには、紅葉時の赤さや黄色さと、実際にとりついたアリマキなどの数を調べればよいのだろうが、そのような研究はまだ現れていない。しかし少なくとも言えるのは、もしこの仮説が正しいのなら、紅葉時に木によって赤さや黄色さに差があるはずだということである。木によって免疫力に違いがあるはずだからだ。

ハミルトンはまた、雲は微生物が長距離を移動するためにつくっているという何とも雲をつかむような仮説も残し、この世を去った。彼の説は初めこそ人々の頭に「？マーク」を点灯しまくるが、ゆっくりと時間をかけて理解されるようになる。

だが、紅葉も雲も、いまだに謎のままである。

〝冬季うつ〟には哺乳類の冬眠と同じ効能がある

冬になると誰しも心が沈みがちになり、よく眠れず、朝、布団から出るのがおっくうになる。症状の重さは人それぞれだが、こういう傾向は「冬季うつ」と呼ばれている。

この冬季うつが、哺乳類の冬眠と、実は本質的に同じものであることを、あなたは知っているだろうか？

冬眠する哺乳類は、実は眠っているのではない。極度のうつ状態に陥り、身動きできない状態になっているだけなのだ。それが証拠に、〝冬眠〟する哺乳類のほうが、春になってから爆睡するのである。冬場の睡眠不足を取り戻すためだ。我々が「春眠、暁を覚えず」の状態になるのも同じ理屈によるのである。

ではなぜ、哺乳類の中には冬眠するグループがいるのだろう。もちろんエサなどが不足する冬を乗り切るためという意味もあるが、もう一つ重要な意味がある。それは、体のメンテナンスをするということだ。

冬眠時には体温が下がり、呼吸数も心拍数も減り、代謝が下がって生命活動がほとんどなされなくなる。半分死んだようなものだ。そこで困るのは生命活動に便乗している連中。つまりバクテリアやウイルス、寄生虫といった寄生者《パラサイト》だ。このようにして寄生者を一掃するのが冬眠の一つの意義だと考えられる。

実際、一九八三年、旧ソ連のV・M・シャラポワらが、西シベリアのステップ地帯にすむホオアカハタリスでこんな実験をしている。

肺真菌症という病気を引き起こす菌類（カビの仲間）の胞子が入っている水を彼らの胸に注入する。そして低温にして冬眠させるグループと、温かくして冬眠させないグループをつくる。すると冬眠グループは菌類の増殖を許さず、肺真菌症にならずに済んだが、冬眠しなかったグループは発症してしまった。

これと同じことを、カナダからアメリカにかけてすんでいるジュウサンセンジリスに対して行ったところ、まったく同じ結果だった。背中に白と白い斑点のラインが計十三本入っているから「ジュウサンセン」といい、とても美しく、かわいいジリスだ。

そして冬眠は、このように生命活動に乗ずる寄生者を一掃するだけでなかった。ジュウサンセンジリスでは、冬眠すると放射線の被害も避けられることがわかった。代謝があまりにも不活発なので、有害な活性酸素が発生しないからである。

　さらにジュウサンセンジリスの背中の毛を剃《そ》り、そこに発ガン物質を塗り付けるという実験をしたところ、冬眠しているとガンを発症しなかった。体温が低いために、発ガン物質が本当に有害な物質へと変化しないからである。冬眠させなかったジュウサンセンジリスのグループでは放射線による弊害で長生きできず、発ガン物質によってガンを発症してしまった。

　このように冬眠によって体のメンテナンスをすることができるので、冬眠する哺乳類は長生きの傾向がある。冬眠をしないマウスの最長寿命が二～三年であるのに対し、シマリス（冬眠する）は十五年にも及ぶのだ。となれば人間でも冬季うつの傾向が強い人は同様に体のメンテナンスをより行うことができ、長生きできるのではないだろうか。

　実際、シマリスの冬眠について研究している玉川大学の近藤宣昭先生は、冬季うつの傾向の強い人は長生きのはずであるとおっしゃっている。冬場の嫌な気分にこのような意味があると知ったなら、多少は元気が出てくるのではないだろうか。

　とはいえあまりにも元気になると、せっかくの冬季うつの効果が薄れてしまうかもしれず、難しいところだ。

学界の嫌がらせから発症した私のうつ体験

最近、若くて才能にあふれる俳優が自死を選んでしまった。だいぶ前から「死にたい」と漏らし、書き記してもあったそうだから、多分うつだったのだろう。俳優という職業柄、精神神経科や心療内科を受診するハードルも高かったのではないだろうか。

ここでは、私の十七年にも及んだうつ体験を語り、参考にしてもらえたらと思う。十七年のうち十年で九〇％くらいまで回復。完治までにもう七年かかった。

私がうつを発症したのは一九八八年。単独で初めて出版した本が話題となり、連日のように取材や仕事の依頼が殺到した頃だ。

実は私にはもともと葛藤《かっとう》があった。文章を書くことが自分の一番好きな作業であり、それを職業としたいが、一方で本が売れて有名人となり、ちやほやされるのはどうしても嫌だった。何とも矛盾した状況だ。

そのちやほや状態が嫌というほどに続いた。自分よりもはるかに年上の男性が私に向かって敬語を使うという状況は特にこたえた。その人は仕事だから、あえて敬語を使っていることは頭ではわかっている。けれど心が追い付かない。

そんなこんなで高いところに上ったときのような気持ちの悪さやめまいが続き、あるとき巨大な津波のような恐怖感が襲った。呼吸もままならず、これで死んだと思った。これが「パニック障害」の発作であるとあとでわかった。発作は何度も起こり、睡眠もよくとれず、やがてうつ状態に陥った。ここでようやく精神神経科を受診したが、本当はもっとずっと前に受診すべきだったのだ。

ともあれ、何か書こうとしても一言も浮かんでこない。原稿用紙を見ただけで、バーンとはじかれるような拒否反応が起こる。あんなに好きだった、書くという作業ができない。好きだったのになのか、好きだったからこそなのか、今もわからない。

こうして一年ほど仕事を休み、人と会うことも極力避けた。デビュー作が評判を呼び、大手の老舗出版社からのオファーを受けながらの休業はとてもつらかった。私に最も自殺願望があったのは、この時期だ。それは喉《のど》が渇いたから水を飲みたい、おしっこが我慢できなくてトイレに行きたいという願望とほとんど同じ生理的欲求である。

だから、うつで自殺した人に対し、「あのとき自分に悩みを打ち明けてくれていたなら」とか「自分にもできることがあったのではないか」と後悔する人がいるが、それはまったく意味をなさない。水を飲みたい人に、水を飲ませないようにする方法がないようなものだからだ。

ようやく何とか仕事ができるようになったのは、私に合った抗うつ剤が見つかったからだ。抗うつ剤は何種類もあるが、人によって随分と効く、効かないの差がある。その効く抗うつ剤を見つけるまでのしんどさは、いっそのこと抗うつ剤なんて飲まないほうが楽なのに、と思うほどにつらい。私の場合、自分に合った抗うつ剤が割と早く見つかったのが幸運だった。

ここで言う抗うつ剤とは「三環系」と呼ばれるもので、今では古いとされる。現在、抗うつ剤の主流はＳＳＲＩ（選択的セロトニン再取り込み阻害剤）で、副作用が結構ある三環系に代わり、副作用の少ない抗うつ剤として開発された。

しかし副作用が少ないということは裏を返せば、効き目が弱いということである。私が長年診てもらっていた木村敏先生（京都大学医学部名誉教授）はＳＳＲＩに話が及んだとき、即座にこう言い放った。

「あれは、効《き》かん！」

今、ＳＳＲＩを投与されて、効かない、自分に合ったものが見つからない、という人は勇気を奮って主治医に訴えてほしい。「三環系に変えてください！」と。

ともあれ、その後、私が九割方までに回復するのに十年もかかったのは、発症以前から存在したある恐怖のためである。

学界からの攻撃だ。

学界という世界は実に狭く、誰かが一般向けに、優しくかみ砕いた本を書いただけでもぼろくそに批判される。編集者が少しでも本を売ろうと、タイトルや帯の文句に工夫をこらしただけでも、「そんなに金がほしいか」「学問で金儲けするのか」などと批判される。ましてや学界と縁を切り、何の肩書きもない私が、売れる本を書いたなら……（ちなみに恩師、日高敏隆先生は一貫して応援してくださった）。

事実、数えきれないほどの嫌がらせにあい、竹内のものはニセ科学だなどというわさを流された。一方ですべてを理解してくれる賢明な読者、老舗出版社と優秀な編集者に恵まれたが、超豆腐メンタルで若輩者の私はいちいち傷ついていたのだ。

あの頃、今のような精神状態で、「学界？　それがどうした」の度胸を持つことができたなら、三倍くらいのスピードで執筆できたのにと思う。もう二度と戻らない三十代、四十代だけど。

社会の役に立っているおばあさんを〝ばばあ〟と呼ぶな！

「閉経したのに、まだ何十年と生き続ける人間のおばあさんって有害以外の何ものでもないんじゃやね？」みたいな意見を最近、小耳にはさんだので言いたい。

人間のおばあさんにとって、直接自分が繁殖するよりも孫の面倒を見るほうが自分の遺伝子がよく残る。だから、あえて閉経するようになったのだ。この件は「おばあさん仮説」として説明されてきたが、最近では「おばあさん効果」と呼ばれるようになっている。もはや仮説ではなく、おばあさんにはちゃんと存在意義があって、効果があるというのだ。

哺乳類のメスは普通、生涯子を産み続ける。チンパンジーも例外ではなく、二〇一〇年にはニューヨークの動物園で五十六歳のスージーという名のメスが妊娠し、出産したニュースが話題となった。彼女はその数年前からピルを投与されていたが、いくら何でもこんなにおばあちゃんになってしまったら、もうよかろうと判断し、ピル投与をやめたところ、妊娠してしまったという。

哺乳類のうちでメスが閉経することがわかっているのは、人間のほかにシャチがある。最もよく調べられているのは米国ワシントン州やカナダのブリティッシュコロンビア州沖のシャチで、定住型であり、十数頭からなる母系集団だ。主に魚を食べている。

記録は一九七〇年代から二〇一六年まであり、母方祖母は七百二十六個体、子どもは三百七十八個体だ。英国ヨーク大学のD・W・フランクスらはこれらのシャチの記録を分析し、二〇一九年に『PNAS』（米科学アカデミー紀要）に発表した。この研究では、まだ繁殖を続けているおばあさんと、閉経してしまったおばあさんとの比較がなされている点がポイントである。

シャチは二歳くらいで離乳し、最長寿命はオスで五十歳、メスで九十歳くらいだ。そしてメスは四十歳くらいで閉経する。つまりメスは閉経したのちも、最長で五十年生きるわけである。フランクスらは、子どもが五歳のとき、十五歳のとき、二十歳のときに、それぞれ母方祖母が生きている場合、閉経していなくて自身がまだ繁殖を続けている母方祖母が最近死んだ場合、閉経している母方祖母が最近死んだ場合、の三パターンについて、子どもの生存率がどう違ってくるのかを調べた。

当然というべきか、五歳というまだ幼いときに一番差が現れた。そして、これまた当然というべきだが、母方祖母が生きている場合が最も生存率が高い。母方祖母が最近死んだケースでは、まだ繁殖し続けている祖母の場合が子の生存率が次に高く、閉経した母方祖母の場合が最も生存率が下がる（半分くらいが死んでしまう）。つまり、閉経した母方祖母が子の生存のために最も大きく貢献していたからこそ、彼女が死ぬと最も大きな影響が現れるというわけなのだ。

このように閉経した祖母には大いなる存在価値がある一方で、祖父にはほとんど存在価値がない。シャチでも人間でも、である。

ただし人間の場合には、祖父が村の長老であるとか、何らかの分野で大きな影響力を持った存在であれば話は違ってくる。存在価値があるのだ。

ともあれ、シャチも人間もオスのほうが寿命は短いが、その理由の一つが、祖父としての存在価値があまりないということにあるのだ。

おばあさんには存在価値がはっきりとある。ばばあ呼ばわりする奴は反省しなさい！

第7章 生き物社会オドロキの新常識

——「そんなバカな」と言わないで

生物の社会では不平等な身分制度が不可欠だ

そもそもなぜ順位、あるいは序列などというものがあるのか。なければ平等でいいのに、と考える方もあるだろう。

ところが動物にとって序列ほど重要なものはないのである。もし序列がないとしたら、どうなるか。たとえばエサを巡って、毎回毎回争わねばならず、皆揃ってへとへとになってしまうだけだ。

だから一度、徹底的に争うことによって順位を決め、あとは下の者が上の者に譲るという法則で行動する。不公平のようだが、これがどのメンバーにとっても最善の策となる。最下位の者など、エサにありつけるのは最後なので確かに気の毒である。それでも一人でいるよりははるかにましだ。外敵に襲われる危険がぐっと減る。

これらのことはニワトリを研究することでわかってきた。ニワトリの社会は一羽のオスが何羽かのメスを従えているのだが、メスに上から下への直線的な順位がある。上の者が下の者をくちばしでつついて追い払ったりするので「つつきの順位」と言われている。

さらに、ニワトリではなく、ニワシドリではこんな面白いことがわかってきた。

ニワシドリというのは、オスが自身の体で魅力をアピールするのではなく、建造物によってアピールする。自身の体でアピールすると目立つので捕食者に襲われやすい。そこで建造物に魅力を移したという画期的な鳥なのである。

オーストラリアからニュージーランドにかけてすむ、マダラニワシドリも枝を組み合わせて建物の骨格をつくり、貝殻や花、羽、ペットボトルの蓋などで飾りたてて、メスにアピールする。

建物は正面から見るとU字型をした並木道タイプの東屋《あずまや》で、奥行きが四十センチ、高さは三十センチくらい。黄色い藁《わら》が敷き詰めてある。しかも東西の方向を向いていて、朝日が当たるとキラキラ光る仕掛けとなっている。メスはいくつかの建物を見回った末に、一番気に入った建物に入り、その中でオスと交尾する。ただし産卵と子育てはメスだけが行い、この建物はアピールのためだけのものである。

オスは確かに捕食者からの脅威を逃れることに成功したが、一つ困った問題も生じた。

建物を他のオスに壊されたり、飾りつけの品を盗まれたりするのだ。

こういう犯罪はオスたちに順位がきちんとしていない場合に起きやすく、順位がきちんとしていると起きにくくなる。順位は、無駄な争いを防ぐだけでなく、犯罪の抑止力になるというわけだ。

さらにこの鳥で興味深いのは、順位の高さに応じて建物の豪華さを調整し、建造するということだ。順位の高いオスほど豪華な建物によってメスを引き付け、繁殖にも成功することができるわけである。順位という実力に応じて建物の豪華さが違うというのは、一見不公平に思えるが、実はとても合理的なシステムなのである。

マダラニワシドリでさらに興味深いのは、自分の順位を顧《かえり》みず、分不相応な豪華な建物を建てた場合だ。

「お前、こんな立派な建物を建てられる身分じゃないだろうが」と、他の者たちが容赦なく建物を壊すのである。

そこである研究者はこんな意地悪な試みをした。あるオスの建物のそばに、彼には分不相応な豪華な飾りものの数々を用意してやったのだ。

彼はどうしたか？

豪華な飾りものには手を出さず、じっと我慢したのである。もし飾り付けてしまったら、恨みを買い、建物は壊され、飾りものを盗まれることをよく承知しているのである。人間も無理して分不相応な家を建てるとか、高価な時計や服を身につけないほうがいいかもしれない。人間の場合は家を壊されはしないが、軽蔑《けいべつ》されるか哀れと思われるだろう。

鳥界の革命児ニワシドリが用いる〝逆遠近法〟

ニワシドリ科の鳥たちの話を続けよう。

鳥の世界では羽が美しいオス、歌がうまいオス、ダンスがうまいオスなどがメスにモテる。だが、その一方で捕食者に狙われやすいという不利な点がある。オスが魅力を発揮するのは繁殖期限定なのだが、いくら魅力的でも食べられてしまってメスと交尾できなければ意味がない。オスは命がけで繁殖に挑むのだ。

この繁殖期における二律背反を見事に解決したのがニワシドリ科の鳥たちなのである。

ニワシドリの仲間、アオアズマヤドリのオスも、森や林の中にちょっとした東屋をつくり、東屋とその周辺を貝殻、花びら、実、羽毛、ペットボトルのキャップ、ビニールテープなど、主に青いもので飾り立てる。そしてメスがやってくるとオスは羽を広げ、ダンスをしながら東屋を周回するのだ。メスは東屋の出来と、本人の魅力の両方を吟味することになる。

実はアオアズマヤドリのオスは全身が黒いのだが、ほんの少しばかり光沢のある青い羽が混じっている。虹彩《こうさい》も青い。一方、メスは全身が淡い褐色で、とても地味だ。

つまり、アオアズマヤドリのオスはかつて、羽は全体的に青く、光沢があって目立っていたが、それでは捕食者に見つかりやすいということで、建造物へとその魅力を移したと考えられるのだ。多くの鳥のオスが悩む、モテるのはよいが、一方で捕食者に見つかりやすいという難題をこうして解決してしまったわけである。

これぞ鳥界の革命児！　と言いたいところだが、魅力を建造物に移したことによって、こんな困った問題も発生してしまった。先に触れた他のオスによる東屋壊し、そして飾り付けの品と東屋の材料の窃盗である。オスがちょっと目を離した隙に、他のオスが犯行に及んでしまう。驚いたことにメスは、この犯行の能力までも、じっと隠れて観察しているのだという。おそらく他のオスに隙を与えないという能力も評価していることだろう。

オオニワシドリもアオアズマヤドリと同様な並木道タイプの東屋をつくる。やはり東屋を飾り立てるのだが、極めて技巧を凝らした方法を用いている。逆遠近法とでも言うべきものだ。

メスが東屋に入り、外を眺めたとき、近いほど小さな石が、遠いほど大きな石が配置されている様子を見ることになる。遠近法は、近くを大きく、遠くを小さく描くことで、奥行きを持たせる手法である。ところがオオニワシドリのオスはその逆を実行し、奥行きがあまりないかのような効果を狙っている。いったいオスの思惑はどんなところにあるのだろう。

それは石が配置されている場所を、彼のダンスのフロアにしていることからわかる。つまり、奥行きがあまりないかのように思わせることで、自分の体をより大きく見せ、ダンスの動きをより大きなものに錯覚させることなのである。

研究者は、あるオスの東屋で、この効果がもっと効率よくなるよう、近くにより小さい石を、遠くにより大きな石が配置されるよう並べ替えてやった。ところがオスはその配置を三日ほどで元通りに戻してしまった。彼なりのこだわりがあるようだ。

アオアズマヤドリもオオニワシドリも、交尾は東屋の中で行われる。しかしオスとメスとはそれっきりで、メスは一人で巣をつくり、卵を産み、ヒナを育てあげる。

このようなメスが独力で子を育てあげるという繁殖のシステムでは、多くのメスと交尾できるオスがいる一方で、まったく交尾できないオスがいるという、格差が大きいことが特徴だ。

老ゲラダヒヒが思い出したリーダーの条件

NHKの日曜夜に放送される『ダーウィンが来た!』を何となく観ていたら、びっくりするほど貴重なシーンに出会うことができた。

エチオピアの高原地帯には、サルの一種であるゲラダヒヒがすんでいる。彼らがすむのは世界でもここだけである。

ゲラダヒヒの大きな特徴の一つは重層的な社会をつくることだ。人間も重層的社会をつくる。家が集まって集落となり、集落が集まって村となる。こうしたことが繰り返され、最終的には国家の単位にまで到達する。ゲラダヒヒの場合には最小の単位はワンメール (one male)・ユニットだ。一頭のリーダーオスが数頭のメスとその子どもたちを従えている。このワンメール・ユニットがいくつかと、ジュニア・フリーランス、シニア・フリーランスと呼ばれる単独で暮らすオスたち、そしてオスグループという徒党を組む若いオスたち。これらが集まってバンドと呼ばれる次なる単位となる。

バンドがいくつか集まったのが昼間に行動する単位であり、夜にはさらに集まって大集団となって岩場で眠りにつく。こういう重層的な社会は他にマントヒヒでしか見つかっておらず、チンパンジーもゴリラも社会は重層的ではないのである。

ゲラダヒヒの社会の特徴としてはもう一つ、社会がとても平和的で寛容であることがあげられる。

ワンメール・ユニットのリーダーの座を狙うオスグループのオスたちは、毎日のようにリーダーオスに争いを仕掛ける。それは、相手の力量がどれほどのものであるか、力量が衰えていはしないか、と推し測るためのものであり、決して本当の争いではない。たいていはオスグループがリーダーオスを追いかけ、リーダーオスがどれほど逃げ切れるかが測られるという程度だ。

本当の争いが起きるのは、リーダーオスが明らかに力を落としてきていて、確実に争いに勝てると判断がくだされたときなのだが、たいていの動物番組では、儀式的な争いが行われているシーンしか映らない。ところが、たまたま観た『ダーウィンが来た！』では、滅多に起こることがない、本当の争いが映し出されたのである。

それは〝ブレーブハート〟と名づけられている十二歳のリーダーオスが年齢的な衰えを見せ始め、昼間に居眠りをするとか、メスたちに危険を知らせる行為を怠るなど、リーダーらしからぬ様子があらわになったため、ブレーブハートよりも三歳年下の、弟にあたる〝チコ〟と名づけられたオスが本当の戦いを挑んだのだ。

チコはオスグループの中心をなすオスで、日頃の儀式的闘争のときも、こういうリーダーの座を巡る本当の争いのときにも、唯一本気を出す存在だ。

ブレーブハートとチコの争いを見ながら、こんな予想を巡らした。チコは勝てると確信したからこそ戦いを挑んだのだろう。おそらくチコが勝つ。

そして普通ならブレーブハートはユニットを去り、子どものうちでもオスは父の敗走に従う。前者はシニア・フリーランスに、後者はジュニア・フリーランスになる。しかしチコはブレーブハートの弟である。つまり同じワンメール・ユニットの出身であり、少なくとも父親を同じくしている。とすれば、通常のようには追放されないかもしれない。

実は、ワンメール・ユニットには、ワンメール（メールはオスの意）と言いながらもセカンド・オスなる存在が時々おり、しかもそれは、追放されずに降格した元リーダーであることも多いのだ。寛容なゲラダヒヒだからこそ起こり得る現象である。

だから争いに勝つのはチコだが、ブレーブハートは追放されずにセカンド・オスとして留まることが許されるのではないだろうか？

ところが、予想は覆された。あれほど老醜をさらしたはずのブレーブハートがにわかに勢いを取り戻し、チコの頬に大きなケガを負わせ、牙をへし折ったのである。チコは二度とリーダーの座を狙うことはできないだろう。それどころかオスグループの中心的存在ですらなくなってしまう。つまりは繁殖の道が閉ざされたのだ。

争いに勝ったブレーブハートだが、興味深いことにこのところすっかり忘れていたメスたちへのサービスを熱心に再開したのである。

何事もまめであることが重要だと気づいた次第である。

鳥なのに〝ニセのペニス〟を持つオスへのメスの対抗策は――

鳥には普通、ペニスがない。交尾はオスがメスに乗っかり、互いの総排泄腔同士を軽くこすりあわせるだけで済んでしまう。ものの数秒、あっという間である。総排泄腔とは、まさにすべてここから出てくるという意味であり、糞尿はもちろんのこと、精液も卵もここからだ。

しかし、鳥の中でもカモ類のような水鳥にはペニスがある。しかもクルクルとらせんをなすタイプだ。鳥研究の大御所学者、英国シェフィールド大学のティム・バークヘッドと弟子のパトリシア・ブレナンは、全部で十六種類の水鳥のペニスの長さを調べた（これはブレナンが主導した研究である）。すると最大で二十センチのものがあった。

肝心なのは、レイプがよく発生する種ほど、ペニスが長く、らせんの回数も多いことだ。そこで、ペニスはレイプのために進化してきたということが推測されるのだが、一方のメスも当然のことながら対抗策をとっているはずだ。

たとえば二十センチという最大サイズのペニスを持つ種では、ペニスのらせんの回数は八回だ。対するメスの膣も同様に長く、らせんの回数も八回なのだが、驚いたことに、らせんの方向がペニスの場合の逆になっているのである。つまり、オスがレイプしようとしても、らせんが逆向きなのでペニスを挿入することが叶わないというわけなのだ。

そして、メスがオスを受け入れる際には、筋肉を大いに弛緩させ、逆向きのらせんでも挿入できるようにしている。

このような特殊事情とは別に、鳥の〝ペニス〟が進化した例もある。ハタオリドリの仲間で、アフリカにすむアカハシウシハタオリという鳥だ。ペニスといっても、総排泄腔に棒状の器官がくっついただけの付属器官で、精子がこの中を通るわけではない。長さは一・五センチ程度だ。この研究でも、大御所学者のバークヘッドが再び登場する。

まずアフリカで三十四羽のオスを捕獲する。そして研究室で、それぞれ人工の総排泄腔をつけたメスのはく製と交尾させる。すると、鳥としては驚くほど長い時間をかけて交尾し、すべてが三十分近くをかけた。なぜ、そんなに時間をかけるのか。

それはニセのペニスでメスの総排泄腔をこすり、自身とメスを刺激しているからだ。それどころか、交尾の最後に、オスは羽をはばたかせ、体を震わせ、脚の筋肉が痙攣《けいれん》を起こす。つまりオルガスムスに達するというわけである。

バークヘッドらによると、オスが長い時間をかけてメスと交尾し、オルガスムスまで起きるという背景には、この鳥の特殊な婚姻形態があるという。

ハタオリドリはコロニーをつくる鳥で、アカハシウシハタオリの場合、一つのコロニーは五〜六の巣からなり、一つの巣には六〜七つの部屋がある。部屋には空き部屋もあるが、一つの巣にはだいたい四〜五羽のメスがすんでいる。そして多くの場合、二羽のオス(たいていは血縁がない)が協力して巣をつくり、他のオスから巣を防衛し、ヒナも育てるという不思議な婚姻形態だった。

繁殖期にオス、メスともに複数のパートナーを持つが、乱婚とまではいかないのだ(cooperative polygy-nandry という)。ＤＮＡフィンガープリント法なる親子鑑定を行ったところ、ヒナの父親はこの二羽のほかに、よそのオスである場合もあった。メスの卵の受精を巡って複数のオスが争う精子競争が、きわめて激しいのだ。

それでは、ニセペニスによる、時間をかけたメスへの刺激とオスのオルガスムスが、精子競争の激しさとどう関係するのだろうか。

バークヘッドらによると、そのように長い時間をかけた交尾を行い、特にオルガスムスに達することでオスの精子がメスの体内によく保持され、自分の精子で卵の受精が行われる確率が高まるのではないか、つまり精子競争に勝利しやすくなるのではないかという。

その根拠として、げっ歯類ではオスがメスに何度もマウントしては降りることを繰り返し（ドライセックス）、体の刺激を長引かせ、最後に射精をともなうセックス（ウェットセックス）をすることで、精子をメスの体に保持させ、自分の精子を卵の受精に使う可能性を高めていることをあげている。

しかしながら、メスがやられっぱなしであるわけはないと私は思う。カモなどのメスが、気にいらないオスとは交尾できないよう、らせんの向きが逆の膣を進化させるという〝大工事〟を実現させたように、この鳥も何らかの対策を講じているはずだ。

そこで気になるのは、オスがメスの総排泄腔を三十分近くも刺激し続けるということ。つまり、これほど長く刺激し続ける間にへたってしまうオスもいるかもしれないし、刺激の速度が遅いオスもいるだろう。そのようなオスに対しては、彼がオルガスムスに達する前にお引き取りを願う。総排泄腔どうしをこすりあわせているだけなので、メスはオスをするりとかわすことができるのだ。

しかし、ニセのペニスによる刺激の速度が十分に速く、しかも三十分近くもそのような動きを続けられる、スタミナと技術を持った優れたオスなら、受け入れてやるということなのではないだろうか。

あくまで私の推論なのだが。

人間につられてあくびするイヌの哀しい歴史

同じあくびでも、自分でするのと、他人につられてするのとでは大違いであることを知っておられるだろうか。

前者は寝起きとか眠いとき、退屈なときなどで、新鮮な空気を吸い込んで頭をはっきりさせるという意味がある。後者はそういうこととは関係なく、前者の意味であくびした人物にただつられてする。しかもこのとき、自己を認識し、他者に共感するという二つの重要な能力が絡んでいる。

それが証拠に、まだ自己の認識ができていない五歳以下くらいの子どもではあくびはうつらないし、自己を認識できる大人であっても、他者に共感する能力に乏しい人の場合、あくびはうつらないのだ。会議中などで他者のあくびにつられてあくびする人は、会議に退屈して真剣身に欠けると誤解されがちだが、実は他人の心がよくわかる人物なのである。

他人のあくびにつられて、あくびする人物はどれくらいの割合でいるのだろう。

この件については、あくびをしている人のビデオを見せるという方法で実験している。すると四五〜六〇％の人であくびがうつることがわかった。では、この自己の認識と他者に共感する能力とは、どれくらいの範囲の動物が持っているのだろうか。

まずは人間に一番近いチンパンジーで実験してみた。チンパンジーがあくびをするビデオをチンパンジーに見せるのだ。すると三歳以下ではうつらない。自己の認識ができていないのだ。人間の五歳以下といい勝負だ。

そして大人（自己の認識はできている）では三三％であくびがうつった。人間の四五〜六〇％と、これまたかなりいい勝負。さすがはチンパンジーである。ニホンザルに近い、ブタオザルとなると何とも微妙な結果となり、はたして自己の認識ができているのか、他者に共感する能力があるのかさえわからなかった。

ところが、驚くべき結果が現れたのはイヌである。

と言っても、イヌがあくびしているビデオを見たイヌがあくびをするわけではない。飼い主ではない人間が、イヌと目が合ったときに声を出してあくびをしてみせると、二十九頭のうち二十一頭がつられてあくびしたというのである。あくびがうつる率、七二％であり、人間同士のそれをも凌いでしまう。ビデオではなく、目の前であくびするという強力な刺激のゆえかもしれないが、それにしても驚きの値だ。

結局、イヌと人間とは数万年にわたる共存の歴史があり、そのために互いの心、特にイヌが人間の心を読む能力が、他のどんな動物よりも高まってきたのだろう。

イヌと人間の共存の歴史だが、二〇二一年の初めに面白い研究が現れた。

イヌの祖先はオオカミである。では、どうやってオオカミをイヌとして家畜化したのか。人間の残飯をオオカミが食べるようになったというのは定説だが、その残飯がオオカミを家畜化させるほどに出るのかが疑問だった。そこでフィンランド食品庁のマリア・ラヒティネンはこう考えた。

オオカミが家畜化されたのは、一万四千年前から二万九千年前までの最後の氷河期であり、ユーラシア大陸の北部であったと考えられている。この時期、獲物となる動物もエサに飢えており、痩せて脂肪分が少なかった。赤身が多かったのだ。しかし赤身を摂りすぎると、人間にはタンパク質による弊害が現れる。そのため脂肪分を求め、食べきれないほど大量の獲物を狩っていた。そうして残った肉をオオカミに与え、やがてはイヌとして家畜化したというのである。

確かにイヌのおやつやご飯のおねだりのまなざしは強烈で、ほとんどの場合、屈してしまう。それは彼らの祖先が人間のお余りを頂戴してきた歴史のためなのである。

合法的薬物で夢の九秒台が実現する？

工場などで不良品を発見し、監視するという、集中力を持続させる必要がある作業では、ペパーミントオイルが活用されている。スポーツや車の運転で、肉体的反応や注意力をアップさせ、疲れにくくするためにもペパーミントオイルが効果を発揮することがわかっている。このスポーツにおけるペパーミントオイルの効果についてきちんと研究したのは、米ウェストバージニア州のウィーリング・イエズス大学のＢ・ローデンブッシュらで、二〇〇一年のことだ。

彼らはこの大学で、走ることがメインのスポーツである、トラック競技、サッカー、バスケットボールを行っている学生に注目。男女各二十人ずつを被験者として集めた。そうして次の四種の競技を行わせたのだ。

A　利き手による握力測定

B　四百メートル走

C　腕立て伏せ（時間制限なしで何回できるか）

D　バスケットボールのフリースローを二十回させ、うち何回成功するか

それぞれを二回ずつ行うが、一回はペパーミントオイルをたらした粘着性のある紙を鼻の下に貼って行い、もう一回は何もしないで行う。そうすると、技術力だけが問題で集中力や体力が関係しないDのフリースローだけに、ペパーミントオイルの効果が現れなかった。Aの握力とCの腕立て伏せは、肉体的反応や疲れやすさが関係するので、ペパーミントオイルの効果があった。

仰天の効果があったのは、Bの四百メートル走だ。男女含めて、全体の平均の記録が、ペパーミントオイルなしで八〇・四〇秒であったのが、ペパーミントオイルありでは七

九・五八秒。何と〇・八二秒も短縮されるのだ。

　ここで私の思いは百メートル走に及んだ。

　多くの日本人選手が十秒の壁を破れなくて苦しんでいる。単純に考えれば、四百メートルで〇・八二秒縮まるのであるなら、百メートルで〇・二秒は縮まる。ということは、十秒に近い選手なら、ペパーミント効果によって夢の九秒台が実現するのではないのか！　と考えたのだが、ちょっと待て。

　これは四百メートル走という、選手が最後によれよれになってゴールする競技だ。百メートル、二百メートルではそのようなことはない。百メートルと二百メートルでは選手は息を止めて走る、つまり無酸素運動で、ペパーミントオイルの匂いをかがない。だが、四百メートルでは息を吸って吐き、有酸素運動となる。そのような事情があるからこそ、四百メートル走ではペパーミントオイルによる、疲れにくさや肉体的反応の効果が現れたのではないだろうか。

　ともあれ、そうすると四百メートル走や八百メートル走、あるいは一万メートル、マラソンでペパーミントオイルの効果が期待できる。しかもペパーミントオイルは禁止薬物には指定されていないのである。さあ、使うかどうかは選手次第。そして疲れにくくする効果があると言っても、疲れを感じないだけなのでやりすぎには注意が必要だ。

ペパーミントオイルはキーボード打ちなど、退屈な作業の際にも効果を発揮するが、それだけでなく、ボランティアをやる気にさせるという研究もある（ラベンダーの香りも同じくボランティアをやる気にさせる）。ペパーミントオイルとは、要は、面倒くさくてやりたくないような作業をやる気にさせるのである。

さあ、ガムでも噛んでみましょうか。

オール・ブラックスが踊るハカの生物学的意義

動物が互いの合図なり、体の動きなりをシンクロさせるとしたら、それは求愛が絡んでいる。ホタルは種ごとに光り方が違っていて、オスが、自身がどの種であるかを同種のメスにアピールする。それは同時に、求愛の信号になっている。メスがオスと同じ光り方を返したら、受け入れＯＫのサインだ。

水鳥のカイツブリでは、オスが示す動きをメスが真似する。さらにオスの動きをメスが真似るという過程を何回か繰り返す。最後に両者が猛烈に脚を動かし、水面を高速で並行移動すると、求愛成立となる。

ところが、音楽やリズムに合わせてシンクロした動きをする、ということになると、それは人間だけである。こういうシンクロしたダンスにどのような意味があるのだろう。

英国オックスフォード大学のB・タールらは二〇一五年に、こんな研究を行った。ハイスクールの生徒を、互いに内側を向かせて円形状にし、十分間にわたりインストゥルメンタル（言語なしの楽器だけの音楽）を聴かせる。そのとき各人の目の前にカードを示して動きを指示するのだが、全員に同じ動きを指示するグループと、各人バラバラな動きをするグループをつくる。そうして実験の前と後で、どれくらい仲間との社会的距離が縮まるかを調べるのだ。社会的距離は、信頼、好ましさ、パーソナリティーが一致する、の三項目について1〜7までの7段階評価を下し（7が最も度合いが高い）、平均を出す。これを社会的距離の尺度とする。

すると、同じ動きをしたグループ（シンクロ・グループ）では社会的距離の尺度が〇・五程度、近くなったのに対し、バラバラの動きをしたグループ（音楽のみ同じなので一部シンクロ・グループと呼ぶ）では、〇・四程度、近くなった。

なあんだ、ほとんど違わないじゃないか、と思われるかもしれない。しかし統計的に処理すると有意な差があった。音楽と動きとをシンクロさせると、互いの社会的距離がより縮まると感ずるようになるのだ。

この研究では、痛みに対する感受性がどうなるかも調べている。血圧を測定するときに腕に巻くカフ（腕帯）の締め付けに対し、どれくらい締め付けたら不快に思うかを利き手でないほうの腕に巻いて測定する。最大で三〇〇㎜／Hg（ミリ水銀）までだ。するとシンクロ・グループでは一部シンクロ・グループよりも、きつい締め付けに対して不快に感じない傾向があった。平均で四〇㎜／Hgほど上回ったところでようやく不快に感じたのだ。

音楽にあわせてシンクロした動きをすると、まず互いの距離が縮まると感ずる。絆が強まると言ってもいいだろう。さらには痛みに対する感受性が弱まる。

これらが意味するのは、音楽やリズムに合わせてシンクロしたダンスを踊ることは、他の部族との争いにおいて大変有利になるのではないか、ということだ。話が飛びすぎと思われるかもしれないが、人間の進化というものを考えると、こういう状況以外には考えられないのだ。

この研究はまた、イギリスのハイスクールだけで行ったのではなく、世界各地のハイスクールで行っていて、こうした傾向は人間に普遍的に存在することが確かめられた。

こうして見てくると、ラグビーのニュージーランド代表オール・ブラックスが試合の前に踊る、ハカの効果が絶大であることがわかるだろう。

ハカはそもそも、ニュージーランドの先住民が他の部族との争いの前に志気を高めるために行ったパフォーマンスであり、掛け声とともにシンクロした動きをする。そうして互いの絆が強まり、痛みに対して鈍感になる。

さらにオール・ブラックスを有利にするのは、全身黒ずくめのユニフォームだ。

実は、黒いユニフォームを着ると、肉体的なぶつかり合いを含むゲームを好んでするようになるという研究がある。自分たちが強くなったと勘違いするのだ。

さらには、アメリカのプロフットボールのリーグ（ＮＦＬ）とプロアイスホッケーのリーグ（ＮＨＬ）で、ユニフォームの色と過去にペナルティをどれほど受けたかの関係を調べると、黒のユニフォームのチームほどペナルティをよく受けていることがわかった。黒のユニフォームのチームは、ペナルティを受けるような行為をよく行っているという意味であり、それはペナルティすれすれの行為もよく行っていることも意味するだろう。

自分たちが強いと勘違いするうえに、ペナルティすれすれの行為もよく行う。こういう意味で黒のユニフォームのチームは戦いにおいて極めて有利なのだ。

ハカと黒のユニフォーム。ニュージーランドのオール・ブラックスはどこまでも戦略的なのである。

あなたやお子さんが独創性を発揮するための魔法

あなたやお子さんが何か独創性を求められたとき、こんなウソみたいな方法によって独創性を格段に高めることができる。そのような事実がある、ということをぜひ知ってほしい。

二〇一二年、米タフツ大学のM・L・スレーピアンらはこんな実験を行った。まず学生三十人（うち女子学生は十九人）を二つのグループに分け、
・一つのグループには滑らかなカーブからなる線をトレースさせる。

・もう一つのグループには直線だけからなる線をトレースさせる（前者におけるカーブを直線化したもので、カクカクと曲がっている）。

どちらもこの作業を三回行わせ、滑らかな動きとカクカクしたぎこちない動きを体で覚えさせるのだ。

さて、問題はここからで、二つのグループは、新聞紙の独創的な使い方のアイデアを一分間にいくつ思いつくかの競争をさせられる。すると、滑らかな動きを覚えたグループのほうが、カクカクとしたぎこちない動きを覚えたグループよりも、アイデアの数において勝った。平均で前者は七・二個であるのに対し、後者は五・七個だった。どちらも一分間に、であり、それだけでもすごいと思うが、前者の滑らかな動きのグループの発想の豊かさには驚かされる。

そしていかに独創的なアイデアであるかだが、最も独創的でないものは、「ただのくず紙」というもの。独創的どころか、日常的に誰でも行っているようなことだ。

最も独創的だったのは、「ブラットアウトポエム」だった。新聞の活字のいくつかを残し、あとは黒塗りにする。そうすると、詩が浮かびあがってくる、というものだ。とはいえブラックアウトポエム自体は確立されたアイデアで、その人物の発明ではないが、新聞紙でこれをやることを思いついたという点では独創的だ。

ではなぜ、滑らかな動きとカクカクとしたぎこちない動きとで、このような違いが現れるのだろうか。スレーピアンらの説明によると、滑らかな動きができるということは、周囲が安全であることを意味する。つまり独創性を発揮しても大丈夫であるという条件が揃っている。

片や、カクカクとしたぎこちない動きは、そういう動きしかとれないほど周囲は危険であることを意味する。そのような場合には独創性は発揮すべきではない。独創性を発揮したら、危険から身を守ることができないのである。

現実的には線をトレースする代わりに、腕を指揮者のように滑らかに動かすという方法もありだろう。

独創性を発揮させる方法としてはほかに、

・机にかじりついているのではなく、部屋をぐるぐると歩き回る（実際、グーグルのオフィスでは机にかじりつくな、というお触れが出ているという）

これに似た件は私も経験済みで、机にかじりついているときには思いだせなかったことが、外に出て少し歩くとたちまちのうちに思い出すということがよくある。

・会議のときに挙手する手をどちらかに偏《かたよ》らせない（これはもしかしたら、スレーピアンたちの研究と同じで、両方の手が使えるということが周囲が安全であると認識することにつながるからかもしれない）
・アップルのロゴを見る（アップルは高い独創性を誇る会社）
・蛍光灯よりも電球で部屋を照らす（電球が点灯するマークはひらめきの象徴）

といった、これまた魔法のような方法で本当に独創性を発揮させることができることがわかっている。

騙されたと思って、どうぞ試してみてください。

ある分野《ジャンル》が好きでたまらないのは、あなたに才能があるから

自分が好きでたまらないという分野があるとする。

歌や音楽、絵を描くこと、映画、アニメ、囲碁、将棋、機械いじりや工作、何らかのスポーツ、何でもいい。好きでたまらないとしたら、その分野の才能が宿っている可能

性が高い、と私はかねがね考えている。

世の中には「下手の横好き」と「好きこそものの上手なれ」という一見矛盾した格言が存在する。確かに矛盾しているが、前者が後者へ至る過渡期にあると考えれば、矛盾は解消する。

あなたが、たとえば歌が好きで好きでたまらないが、いまいち下手であるとする。まさに下手の横好きだ。だが、歌が好きという趣味によって、歌好きの人々と交流することになるだろう。そこには皆が唸《うな》り、これならプロとしてやっていけるのではないか、と思わせるような、極めて歌のうまい人物が存在することもあるはずだ。あなたは自ずとその人物と親しくなり、もし異性であれば結婚に至ることだってあるだろう。

そうなれば、「好きこそものの上手なれ」状態はもう目前である。その人物との間に生まれた子は、歌が好きというあなたの性質と、本当に歌がうまいという相手の性質を兼ね備えた存在である可能性が大だからだ。このようにして「好きこそものの上手なれ」状態はできあがる。

もし、相手の人物が同性であっても、同じような結果となり得る。その人物と親しくなると、彼（彼女）は自分の姉や妹（兄や弟）を紹介してくれるだろう。その紹介された人物もおそらく歌がうまい。そして結婚ということになれば、やはり「好きこそものの上手なれ」状態の子が生まれてくる可能性が高いのだ。

このように、「下手の横好き」は「好きこそものの上手なれ」へ至る単なる過渡期の状態であり、世の中には後者のほうが勢力として大きいはずだと思う。そう、だからあなたが好きでたまらない分野には、才能もまた同時に宿っている可能性が高いのだ。

私がこのようなことを考えたのは、動物行動学を学んだことと、自分が実際に「好きこそものの上手なれ」状態になっていたことを実感したからだ。

私はもともと、大学院で動物行動学を学ぶと同時に研究も行っていた。しかし、少なくとも学ぶのは大好きだが、研究のほうは夢中になるまでには至らなかった。

そのような宙ぶらりんの状態のとき、恩師である日高敏隆先生は、自らが依頼されている本の執筆を私に任せるという、ある意味、暴挙に出たのである。

私は初め、「そんなこと、無理です」と断った。長い文章なんて書いたことがなかったからだ。けれども先生は「無理かどうか、やってみなくちゃわからないじゃないか」とおっしゃり、私も「まあ、そうですが」と、恐る恐る書き始めたのである。そうして書いては直し、書いては直し、の作業を続けているうちに、気づいてしまったのである。

こういう作業をすることが好きだ！

　今までしてきたうちで一番好きな作業だ。しかも書けば書くほど、心が落ち着き、エネルギーが満ちてくるではないか。そのとき私が単なる「下手の横好き」状態だったのか、「好きこそものの上手なれ」状態だったのかわからない。しかし、のちにうつとなって診てもらい、著書を進呈した、前出の木村敏先生（京都大学医学部名誉教授で日高先生と交流がある）は、こうおっしゃった。

「あなたは文章が大変うまい。親戚にものを書く人はいますか？」

「いいえ、父も兄たちも理系です。あっ、でも父方の曽祖父が俳句に凝りに凝った人で、俳句の全国的組織の岐阜支部長を務めていたと聞いたことがあります」

「なるほど、それだな」

　ひいおじいさんが俳句の全国的組織の岐阜支部長を務めていたということは、少なくとも「下手の横好き」レヴェルではなかったのだろう。そのおじいさん以前に「下手の横好き」から「好きこそものの上手なれ」状態に移行していたのではないだろうか。

　私は自分が本当に好きなことを見つけ、仕事にまですることができたことを人生で最大の幸運であると思っている。そんなに好きでもないことを妥協しつつ、やり続けなくて本当によかった。世の中、妥協しなくてはならないことだらけであるし、好きなことを職業にできるなんてほんの一握りの人物に限られることは知っている。けれど自分が本当に好きな分野を見つける努力は惜しむべきではない。

そこにはきっと才能が宿っているはずだからだ。

竹内久美子（たけうち くみこ）
1956年、愛知県生まれ。1979年、京都大学理学部卒。同大学院で動物行動学専攻。1992年、『そんなバカな！ 遺伝子と神について』（文春文庫）で第８回講談社出版文化賞「科学出版賞」受賞。ほかに『浮気人類進化論―きびしい社会といいかげんな社会』（晶文社・文春文庫）、『世の中、ウソばっかり！ ―理性はわがままな遺伝子に勝てない!?』（PHP文庫）、『「浮気」を「不倫」と呼ぶな ―動物行動学で見る「日本型リベラル」考』（ワック。川村二郎氏との共著）など著書多数。

ウエストがくびれた女《おんな》は、男心《おとこごころ》をお見通《みとお》し

2021年５月31日　初版発行
2021年８月12日　第３刷

著　者　竹内 久美子

発行者　鈴木 隆一

発行所　ワック株式会社
東京都千代田区五番町 4-5　五番町コスモビル　〒102-0076
電話　03-5226-7622
http://web-wac.co.jp/

印刷製本　大日本印刷株式会社

ISBN978-4-89831-842-3